INFRAN PERUSTEITA

Tuomas S. Jokipii

1.Painos 2022

SAATTEEKSI

Itseäni on aina kiinnostanut mm. opetustyö ja siihen liittyvän materiaalin tuottaminen. Olen toiminut pitkään mm. kouluttajana sekä opettajana ja mielestäni infra-alalla olisi hyvä olla selkeätajuinen ja kokonaiskuvan antava yleisjulkaisu. Toki oppilaitoksissa on spesifisiä julkaisuja tai oppimateriaalia oman oppilaitoksen opiskelijoille esim. opettajien toimesta. Itsellänikin oli aikanaan mm. professorieni O-P Hartikaisen, Jorma Mäntysen ja Harri Kallbergin "prujuja", mutta ne ovat kadonneet jo aikaa sitten.

Olen aloittanut tämän opuksen teon jo loppuvuonna 2020, mutta erilaiset kiireet yms. ovat viivästyttäneet tämän valmiiksi saattamista. Maailmalla on myös koettu paljon vuoden 2020 jälkeen (mm. kriisi Ukrainana alueella, nopea inflaatio, polttoaineen hintojen voimakas kohoaminen, korona…).

En ole ryhtynyt muuttamaan esimerkiksi vuoden 2020 tilastotietoja uusimpiin, sillä ne eivät ole kokonaiskuvan kannalta kovin merkityksellisiä. Tätä opusta voinee käyttää infra-alalla esim. peruskursseilla, sillä tässä ei vielä mennä kovin syvällisesti infran eri osa-alueiden teemoihin. Myös alasta kiinnostuneille tämä avannee hieman "infra-alan moninaisuutta ja keskeistä roolia yhteiskunnan toiminnassa sekä sen taustalla". Olen koonnut loppuun myös "Lähteitä ja alan kirjallisuutta", joka helpottaa lisätietojen etsimistä ja niiden löytämistä tarvittaessa. Otan mielelläni rakentavaa palautetta vastaan, ja mahdolliset virheet/epätarkkuudet tekstissä menevät omaan lukuuni.

Tutkintokoulutukseni:

Opettajaopinnot: Jyväskylän ammatillinen opettajakorkeakoulu (2006)

Tekniikan lisensiaatti (infra, (kansan)talous – TTY (2003))

Diplomi-insinööri (yhdyskuntatekniikka – TTKK (1999))

Laskentatoimen yo-merkonomi (Jyväskylän kauppaoppilaitos – 1992)

Poimintoja työkokemuksesta mm. infra- ja opetusalalla:

Tutkija (TTKK, TTY: n. 5 vuotta) - opettaja (Metropolia Ammattikorkeakoulu), kouluttaja (TTS, Työtehoseura): n. 8 vuotta - Helsingin kaupunki opetusala (projektityö) talopuolella - työnjohto ja kentällä työskentely (Helsingin kaupunki/STARA, Jyväskylän kaupungin maarakennusyksikkö, PTL-Tele) n. 2 vuotta. Myös talopuolella sekä infra- ja talonrakennusalan neuvontaan liittyvää työkokemusta on kertynyt sekä muodollinen pätevyys opettaa esim. lukiossa filosofiaa ja psykologiaa. Työura sinänsä on alkanut jo nuorena (mm. nuorten kirjojen arvostelija KSML, mainosten jako, hautausmaan hoito, kassa -myyjä, rakennusmies, kaukokaapelien asennus …).

Jyväskylässä, lokakuussa 2022

Kustantaja: BoD – Books on Demand, Helsinki, Suomi
Valmistaja: BoD – Books on Demand, Norderstedt, Saksa
ISBN: 978-952-80-6876-1

Sisällysluettelo

1. JOHDANTO

Tässä julkaisussa käsitellään infra-alaa siten, että lukija saisi mahdollisimman kattavan yleiskuvan ko. aihepiiristä. Tämä käynee sekä juuri mitään alasta aiemmin tietävälle että siihen jo tutustuneille. Pyrin parhaani mukaan esittämään asiat yleistajuisesti sekä loogisesti enenevällä tavalla.

Aluksi käsittelen infra-alaa yleisessä kontekstissa. Mukana on myös infraan liittyviä termejä. Seuraavaksi on esitetty laajemmin alan keskeisiä käsitteitä. Lisäksi luodaan yleiskatsaus infraan ja sen kansantaloudelliseen merkitykseen.

Seuraavaksi tarkasteluun otetaan liikenne ja väylät. Tässä yhteydessä esitellään väylien ryhmittelytapoja (mm. tie-, raide, vesi- ja ilmaliikenne) sekä eri liikennemuotojen verkkoja. Lisäksi käsitellään yksityiskohtaisemmin katuja, teitä ja niiden suunnittelua sekä rakennetta. Myös rakentamisesta syntyviä kustannuksia havainnollistetaan esimerkkien avulla sekä esitellään maarakennukseen liittyvät tilavuuskäsitteet muutaman laskuesimerkin avulla (sekä liitteessä 1. Tilavuuskäsitteet ja massakertoimet).

Vesirakennus ja huolto-osiossa käydään läpi em. aihepiiriin liittyviä yleisiä toimintaperiaatteita, rakenteita, veden hankintaa, kustannuksia ja viemäriverkkoa.

Insinööri – ja erikoisrakenteet on käyty läpi omana lukunaan (kuten mm. sillat ja tunnelit). Seuraavaksi käsitellään tietoverkkoja ja energiahuoltoa sekä jätehuoltoa ja ympäristöä.

Myös liikennettä, elinkaari-teemaa ja päästöjä tarkastellaan lyhyesti.

Lopuksi tehdään tämän hetken tilanteen lyhyt katsaus infran tilanteeseen ja sen tulevaisuuden näkymiin.

2. YLEISTÄ INFRASTA

2.1 MITÄ INFRA ON?

Infrarakentamisella tarkoitetaan laajempaa kokonaisuutta kuin varsinaisten maa- ja vesirakenteiden rakentamista.

Infrarakentamiseen kuuluvat väylien ja teknisten verkostojen lisäksi teollisuuden toimialan kaivosten avaukset, talonrakennusten perustus-, pohjarakennus- ja pihatyöt, maanalaiset rakenteet, kuten pysäköintihallit sekä erikoisalojen toimialalta infrarakentamiseen kuuluvat työt.

Infra Ry:n (2020) taholta todetaan puolestaan seuraavaa: ***Infraa*** ovat arjen kannalta välttämättömät tekniset rakenteet kuten kadut, tiet, radat, tunnelit ja sillat. *Infraa* ovat myös satamat ja lentokentät, sekä maan alla risteilevät tekniset verkostot, joissa kulkee vesi, lämpö, sähkö ja tieto. Virkistysalueet ovat vihreää ja virkistävää infraa. Yli neljäsosa Suomen rakentamisen kokonaisvolyymista on *infran rakentamista ja kunnossapitoa.*

Liikenneinfrastruktuuri käsittää fyysiset liikenneväylät (kadut, maantiet, yksityistiet, radat, raitiotiet, metro, lentokentät) rakenteineen ja ohjauslaitteineen ja –järjestelmineen (Vainio ja Nippala 2017). *Liikenneinfrastruktuuri* palvelee erilaisia kotimaisia ja globaaleja toimitusketjuja sekä muita käyttäjiä. Raaka-aineet, välituotteet, komponentit, tuotteet ja palvelut liikkuvat toimitusketjuissa. Yritykset tarvitsevat liikenteen sujuvuutta, häiriöttömyyttä ja kustannustehokkuutta. *Liikenneinfrastruktuurin* yhtenäinen laatu on tärkeää, koska se vaikuttaa kaikkiin toimitusketjuihin. Yhtenäinen laatu tarkoittaa mm. liikenneverkon kantavuutta, kapasiteettia ja turvallisuutta (WSP Finland Oy 2017). Toimiva liikenneinfrastruktuuri mahdollistaa näin ollen sekä henkilö- että tavaraliikenteen (logistiikka) liikkumisen paikasta toiseen – ja on niiden elinehto.

Liikennejärjestelmä muodostuu liikenneväylistä, henkilö- ja tavaraliikenteestä sekä liikennettä ohjaavista järjestelmistä. Maankäytön ja liikennejärjestelmän suunnittelussa huomioidaan ihmisten ja elinkeinoelämän tarpeet (Vainio ja Nippala 2017).

Liikenneinfrastruktuurihankkeen lähtökohtana on pääsääntöisesti *kolme* eri tyyppistä tarvetta. *Maankäytöllinen tarve* syntyy uuden maankäyttöalueen rakentamisesta tai alueiden kasvusta. *Liikenteellinen tarve* syntyy, kun nykyisen väylän palvelutaso on riittämätön suhteessa kysynnän laatuun tai määrään. *Haittojen poistamisen tarve* puolestaan syntyy esimerkiksi suurista ympäristövaikutuksista tai heikosta liikenneturvallisuustilanteesta Toissijaisina syinä voi olla mm. *elinkeinotoiminnan edistäminen* tai *aluekehityksen tukeminen* (Liimatainen et al. 2017).

2.2 INFRAN TERMINOLOGIAA

Tähän on koostettu joukko infran sanastoa, mutta moni termeistä on yleisesti käytössä myös muussa kuin "infrayhteydessä".

ampuminen, räjäytys(työ) = *Räjäytystyöllä* tarkoitetaan kaikkea sellaista työtä, jossa käsitellään, käytetään tai säilytetään räjähteitä. Ammattiterminä räjäyttämisestä käytetään usein "*ampumista*".

asemakaava = *Asemakaava* on maankäytön suunnittelussa eli kaavoituksessa yksityiskohtaisin kaava. Siinä keskitytään johonkin kunnan osaan. Asemakaavassa osoitetaan kunnan osa-alueen käytön ja rakentamisen järjestäminen, ja siten luodaan perusta maanomistajien ja kunnan välisten suhteiden muotoutumiselle.

BKT = *Bruttokansantuote* on kaikkien maassa tuotettujen tavaroiden ja palveluiden arvo yhden vuoden aikana. BKT:tä käytetään yleensä ilmaisemaan maan vaurautta ja hyvinvointia.

elinkaari = *Elinkaarella* tarkoitetaan tuotteen tai palvelun kaikkia vaiheita; mukaan lukien raaka-aineiden hankinta ja tuotteesta syntyvien jätteiden loppukäsittely tai palvelun lopettamiseen liittyvät tapahtumat.

erikoisrakenteet = *Erikoisrakenteita* ovat esimerkiksi padot, kanavarakenteet, meluseinät, tukimuurit, tunnelit, korkeat kallioleikkaukset, laiturit, merimerkit, vesitornit ja mastot.

geotekniikka = *Geotekniikka* on tekniikan osa alue, joka käsittelee maa- ja kallioperän teknisiä ominaisuuksia ja niiden soveltamista maa- ja pohjarakentamiseen. Voisi ajatella, että geomekaniikka on puolestaan erityisesti ´maaperän´ lujuusoppia.

HA = henkilöauto (käytetty lyhenne)

hallinnollinen luokitus = *Hallinnollisella luokituksella* tarkoitetaan esimerkiksi jaottelua maanteihin, katuihin ja yksityisteihin.

hidaskatu = *Hidaskatu* on ominaisuuksiltaan sellainen, että yli 30 km/h ajonopeuksien käyttö ei ole luontevaa. Päällyste, poikkileikkaus ja geometria valitaan hidaskadun luonteen mukaan. Olemassa oleva katu voidaan muuttaa hidaskaduksi hidastimia rakentamalla.

hiilijalanjälki = *Hiilijalanjäljellä* tarkoitetaan ihmisen toiminnan aiheuttamia ilmastopäästöjä. Voidaan määrittää yritykselle, organisaatiolle, toiminnalle tai tuotteelle. Huomioi, että hiilidioksidipäästöjen lisäksi on myös muita merkittäviä kasvihuonekaasupäästöjä, kuten metaani ja typpioksiduuli (Sitra 2020). Tässä pitäisi mielestäni ajatella laajemminkin ihmisten käyttämiä, erityisesti uusiutumattomia luonnonvaroja sekä kokonaisjalanjälkeä (vrt. (tuotteen) elinkaari).

hydrologia = Hydrologia on tiede, joka tutkii maapallon vesiä. Se käsittelee veden jakautumista ja kiertoa maapallolla sekä sen yhteyksiä niin elolliseen kuin elottomaan ympäristöönsä. Käytännön hydrologiassa käsitellään lähinnä veden kiertokulun eri vaiheita ja niiden keskinäisiä vuorovaikutuksia erilaisissa ilmasto- ja maantieteellisissä olosuhteissa (RIL 124-1 Vesihuolto I).

hyöty-kustannusanalyysi = *Hyöty-kustannusanalyysillä* tarkoitetaan menetelmää hankkeen eri toteuttamisvaihtoehtojen kustannusten ja hyödyn vertailemiseksi. Tuloksia voidaan esittää mm. kustannus/hyöty- suhteina. Toisella tapaa voidaan myös sanoa, että hyöty-kustannusanalyysissä arvioidaan väylänpidon kustannusten (rakentamis- ja ylläpitokustannukset) ja hankkeiden toteuttamisesta seuraavien rahamääräisten nettohyötyjen muutosta.

infrastruktuuri = *Infra eli infrastruktuuri* on jonkin toiminnan, järjestelmän tai muun sellaisen pohjana olevat rakenteet ja perusedellytykset, usein yhteiskunnan toiminnan mahdollistavat palvelut ja rakenteet (esim. liikenneyhteydet, energian saanti). *Yhdyskunnan infraverkosto* olisi esimerkiksi näin ollen jonkin tietyn alueen kadut, vesiväylät, radat, jätehuolto, vesihuolto, energiahuolto jne.

jalkakäytävä = Jalkakäytävä on yksinomaan jalankulkuliikenteelle tarkoitettu reunatuella tai erotuskaistalla ajoradasta erotettu liikenneväylän osa.

julkinen hankinta = *Julkiset hankinnat* erotetaan muista hankinnoista siten, että niiden tekijöinä ovat laissa tarkoitetut hankintayksiköt.

KA = kuorma-auto (käytetty lyhenne)

kaavoitus = *Kaavoitus* on alueiden käytön ja rakentamisen sääntelyä, jolla päätetään eri toimintojen, kuten asumisen ja työpaikkojen sijoittuminen kaupungin alueelle.

kaivuvastus = Kaivuvastuksella tarkoitetaan sitä voimaa, joka tarvitaan maan irrottamiseen ja kauhan tai muun kaivulaitteen liikuttamiseen maassa kauhan täyttymisen yhteydessä.

kalliorakennus = *Kalliorakennus* on rakennustoimintaa, jonka kohteena on kallioperä. Se on erilaisten tilojen rakentamista kallion sisään tai kiviaineksen pois louhintaa.

kansantalous = *Kansantalous* tarkoittaa yhteiskunnan talouden muodostamaa kokonaisuutta.

kantatie = pääverkkoa täydentävä tie(stö)

katselmus = *Katselmus* on toimenpide, joka pidetään yleensä kaikissa rakennuspaikan lähistön kohteissa, joissa epäillään työn voivan aiheuttaa joitakin vahinkoja tai haittoja. Perusideana on tällöin se, että ko. kohde tarkastetaan ennen kuin mitään on tehty ja sitten uudelleen, kun työ on tehty. Nykyaikana esimerkiksi valo- ja videokuvaaminen on nopea ja luotettava tapa dokumentoida näkyviä kohteita (ja niiden mahdollisia muutoksia).

katu = *Kadulla* tarkoitetaan asemakaavassa liikennekäyttöön osoitettua yleistä väylää. Katualueeseen kuuluvat myös maanalaiset, maanpäälliset sekä yläpuoliset johdot, laitteet ja rakenteet.

kelluvan auton menetelmä = *Kelluvan auton* menetelmän nimi tulee siitä, että *mittausauto ajaa liikennevirran mukana muun liikenteen seassa käyttäen henkilöautoliikenteelle tarkoitettuja kaistoja*. Mittaukset pyritään tekemään normaaliolosuhteissa. Jos mittausreitillä sattuu olemaan poikkeuksellisia tilanteita, jotka vaikuttavat mittausajon kestoon, ne kirjataan muistiin (mm. Perasto-Bernitz 2010).

kilpailutus = *Kilpailutuksella* tarkoitetaan menettelyä, jossa pyydetään tarjouksia tavaran, palvelun tai rakennusurakan toimittajilta ja valitaan hinnaltaan halvin tai kokonaistaloudellisesti edullisin tarjous. *Julkisyhteisön* tai muun hankintayksikön on kilpailutettava *kynnysarvon* ylittävä julkinen hankinta.

kirjanpitoarvo = *Arvo* (rahallinen), jolla jokin tuotannontekijä, esim. raaka-aine, on kirjattu kirjanpitoon.

klotoidi, ympyräkaari, suora = *Tielinjan suunnitteluelementteinä* käytetään suoraa, ympyräkaarta ja siirtymäkaarta. Siirtymäkaarena käytetään yleensä klotoidia. Katualueella saattaa riittää vain suora ja ympyräkaari (mm. melko alhaiset nopeusrajoitukset vs. tiet).

klusteri, infraklusteri = *Klusteri* (rypäs) yleisterminä tarkoittaa joukkoa samantyyppisiä kohteita, jotka kasvavat tai muulla tavoin pysyvät yhdessä. Toiminnallisten kohteiden muodostaman klusterin osien ajatellaan useimmiten jollain tavalla hyötyvän keskinäisestä yhteydestään toisiinsa ja klusteriin kokonaisuutena. Myös *vuorovaikutus* yleensäkin klusterin eri toimijoiden välillä on oleellista.

kokonaishyöty = *Kokonaishyödyllä* tarkoitetaan taloudellisia, havaittavia ja emotionaalisia hyötyjä. Koettu kokonaishyöty muodostuu odotusten ja koetun laadun yhdistelmästä.

kuormituskertaluku = Liikenteen aiheuttamaa rasitusta kuvataan kuormituskertaluvulla (KKL) eli standardiakselin ylityskertojen lukumäärällä.

KKVL = Kesän (kesä-elokuu) keskimääräinen vuorokausi- liikenne

KVL = Vuoden keskimääräinen vuorokausiliikenne (mitattu ajoneuvomäärä).

käyttöarvo = *Käyttöarvo* on mihin tahansa tavaraan sidottu puhtaasti laadullinen määre, joka määrittyy sen jotain tarvetta tyydyttävien ominaisuuksien perusteella. Käyttöarvot kohtaavat toisensa markkinoilla määrällisten vaihtoarvojen suhteuttamina. (Lisää termistä mm. Jokipii 2003, ja Rantanen 2010).

laatujärjestelmä = Laatujohtamisen toteuttamista varten tarkoitettu organisaation rakenne, vastuut, menettelyohjeet, prosessit ja resurssit.

lait ja asetukset = Laki on eduskunnan hyväksymä säädös sekä laajemmassa merkityksessä lainsäädäntöä tai voimassa olevaa oikeutta tarkoittava ilmaus. Asetus (lainvalmistelu) on kotoperäinen säädös, jonka voi antaa tasavallan presidentti, valtioneuvosto tai ministeriö.

louhintatyö = Louhintatyöllä tarkoitetaan kallion tai mineraalin irrottamista oheistöineen (esimerkiksi räjäyttämällä, iskuvasaralla lyömällä tai kiilaamalla).

lentoasema = *Lentoasema* on säännöllistä lentoliikennettä varten rakennettu alue, jota käytetään ilma-alusten lentoonlähtöön ja laskuun. Virallisen määritelmän mukaan lentoasema on lentopaikka, jossa ilmaliikennepalvelu on pysyvästi järjestetty.

liikennejärjestelmä = *Liikennejärjestelmä* on osa meidän kaikkien arkea. Se on ympäristöä, jossa toimimme ja liikumme. Liikennejärjestelmällä tarkoitetaan siis kokonaisuutta, joka muodostuu kaikki liikennemuodot kattavasta henkilö- ja tavaraliikenteestä, niitä palvelevista liikenneverkoista, viestintäyhteyksistä ja tiedosta sekä liikenteen palveluista, liikennevälineistä ja liikennettä ohjaavista järjestelmistä (Traficom 2020). Hieman toisin: *Liikenne* on osa kansalaisten ja yritysten päivittäistä elämää. Liikenne on johdettua kysyntää ja syntyy tarpeesta siirtää ihmisiä, tavaroita tai tietoa paikasta toiseen. Liikenteen toimiminen sujuvasti ja turvallisesti edellyttää liikennevälineitä, liikenteen ohjausta ja hallintaa, liikennetietoa ja -palveluita, infrastruktuuria sekä kaikkia näitä ohjaavia säädöksiä. Tätä kokonaisuutta kutsutaan *liikennejärjestelmäksi* (Liikennevirasto 2018).

liikennemuodot = *Liikennemuotoja* ovat maa-, vesi-, raide ja ilmaliikenne. Laajemmin tarkasteltuna voitaisiin mukaan ottaa mm. tietoliikenne.

liikennesuorite = *Liikennesuoritteella* tarkoitetaan jonkin ajoneuvolajin tai määritellyn osajoukon yhteensä tietyssä aikayksikössä, yleensä vuodessa, ajamaa kilometrimäärää.

liikenneverkko = Tiet, rautatiet ja suurin osa vesiväylistä muodostavat *liikenneverkon*. Toisaalta myös ilmaliikenteen puolelta lentokenttä on osa verkkoa, vaikka suorite tapahtuukin suurelta osin ilmassa. Liikenneverkko on myös mahdollista jakaa vielä pienempiin osiin (nimikkeisiin) mm. tieverkon osalta.

liikenteen päästöt = *Liikenne* tuottaa viidenneksen Suomen kasvihuonekaasupäästöistä. Tieliikenteen osuus kotimaan liikenteen päästöistä on 95 prosenttia. VTT:n päästöennuste perustuu Liikenne- ja viestintäviraston, Väyläviraston ja Tilastokeskuksen keräämiin tilastoihin sekä arvioihin tulevasta (Liikenne- ja viestintäministeriö 2020).

linjaus = *Tien sijainti* (tielinja) kartalla tai maastossa.

logistiikka = *Logistiikka* on materiaali-, tieto- ja pääomavirtojen, hankinnan, tuotannon, jakelun ja kierrätyksen, huolto- ja tukipalvelujen, varastointi-, kuljetus ja muiden lisäarvopalvelujen asiakaspalvelun ja -suhteiden kokonaisvaltaista johtamista ja kehittämistä.

louhinta =*Louhinta* on kaivos- tai rakennustoimintaan liittyvää työtä, jossa kallioperästä irrotetaan kiviainesta joko räjäyttämällä tai jollain muulla tekniikalla. Louhinta voidaan jakaa avolouhintaan, maanalaiseen louhintaan ja veden alla tapahtuvaan louhintaan.

läjitys(toiminta) = Läjitystoiminnan tarkoituksena on löytää tierakennusprosessissa syntyville ylijäämämassoille sopiva sijoituspaikka. Ensisijaisena tavoitteena on käyttää mahdollisimman suuri osa massoista hyväksi tiehankkeessa. Kaikki rakennusprosessissa käsiteltävät massat eivät kuitenkaan sovellu tienrakentamiseen. Rakenteissa kelpaamattomia massoja voidaan hyödyntää mm. maisemoinnissa ja viherrakentamisessa (mm. Tiehallinto 1999).

maarakennuskangas = *Maarakennuskangas* (**geotekstiili**) auttaa tekemään rakenteista kestävämpiä ja pitkäikäisempiä. Se lujittaa rakennetta estämällä hienomman aineksen pääsyn kantavaan murskekerrokseen. Maarakennuskangas läpäisee vettä erittäin hyvin, joten kankaan päälle ei synny vesitaskuja. Tällöin rakenteet pysyvät kuivina.

maarakennuskoneen todelliset kustannukset = Koneen todellisiin kustannuksiin tulevat koneen muuttuvien ja kiinteiden kustannusten lisäksi myös mm. työntekijän palkat sivukuluineen sekä edellisten kustannusten yhteenlaskun jälkeen tarvitaan myös ”voitto” (kate) eli 0-tuottotulos ei riitä mm. kannattavuuteen ja jatkoinvestointeihin.

maarakennuskustannusindeksi = Maarakennuskustannusindeksiä käytetään kuvaamaan hintapaineita maarakentamisen alalla. Sitä käytetään keskeisesti alan yrittäjien ja palvelujen ostajien välisissä neuvotteluissa, kun arvioidaan alalla toteutunutta kustannustekijöiden hintamuutosta (Maarakennuskustannusindeksi 2011).

maarakennusominaisuus = Maarakennusominaisuuksilla tarkoitetaan kaikkia niitä maamateriaalien koostumuksesta, esiintymispaikasta, syntytavasta, käsittelytavasta jne. johtuvia tekijöitä, jotka vaikuttavat materiaalin käyttökelpoisuuteen erilaisissa maarakenteissa (RIL 156, 1995)

maasilta = *Siltaa*, joka ei ylitä vettä vaan ainoastaan maata tai rakennelmia, kutsutaan *maasillaksi eli viaduktiksi*.

MRL = *Maarakennuslaki*

massastabilointi = *Stabiloinnissa* maaperään sekoitetaan yhtä tai useampaa kemikaalia. Tavoitteena on tällöin se, että em. kemikaalit reagoivat maaperän kanssa ja saavat maaperässä aikaan toivottuja muutoksia. Vanhimmat käytetyt kemikaalit ovat kalkki ja sementti.

massanvaihto = *Massanvaihdolla* tarkoitetaan kantavuudeltaan tai muuten sopimattoman aineksen poistoa ja korvata se paremmalla.

mitoitusajoneuvot = *Mitoitusajoneuvoilla* tarkoitetaan tieliikenteessä käytettäviä erilaisia ajoneuvoja, jotka luokitellaan tien geometrian suunnittelua varten mitoitusajoneuvoiksi (mm. linja-auto, kuorma-auto, henkilöauto).

näkemät = *Näkemällä* tarkoitetaan ajorataa pitkin mitattua matkaa, minkä etäisyydelle ajoneuvon kuljettaja voi nähdä ajoradalla olevan esteen, jonkin rakenteen, kasvillisuuden, leikkausluiskan, lumen tms. estämättä. (pysähtymisnäkemä, kohtaamisnäkemä, ohitusnäkemä, liittymisnäkemä ja päätöksenteko näkemä)

osallinen = *Osallinen* on määritelty maankäyttö- ja rakennuslaissa. Osallisia ovat maanomistajien lisäksi kaikki ne, joiden asumiseen, työntekoon tai muihin oloihin kaava saattaa huomattavasti vaikuttaa. Viranomaiset ja yhteisöt ovat osallisia silloin, kun suunnittelu koskee niiden toimialaa.

PA = *Pakettiautosta* käytetty lyhenne.

palvelutaso = Tien liikenneolosuhteiden kuvaus.

pihakatu = *Pihakadulla* saa ajaa moottoriajoneuvolla vain kadun varren kiinteistöihin ja pysäköintipaikoille. Pysäköinti on sallittu vain merkityillä pysäköintipaikoilla, ja ajonopeus on sovitettava jalankulun ehdoilla, max 20 km/h. Ajoneuvo väistää jalankulkijaa, joka saa käyttää koko väyläaluetta tarpeettomasti ajoneuvoliikennettä haittaamatta.

priorisointi = Minkä tahansa asian tai tekemisen *asettamista tärkeysjärjestykseen*. Tavoitteena on säästää kustannuksia ja tehostaa toimintaa. Kuitenkin priorisointi voi usein olla vaativaa ja haastavaa, sillä rajallisia resursseja arvottaminen ei yleensä ole helppoa.

rakeisuuskäyrä = *Rakeisuuskäyrällä* tarkoitetaan maalajien eri lajitteiden prosenttisesta jakaumasta piirrettyä summakäyrää.

resurssit = *Käytettävissä olevat voimavarat* (mm. pääoma, raaka-aine, kalusto, työvoima - tuotannontekijät)

reti = Reti on odotuspaikka laituriin pääsyä varten. Redillä voidaan myös lastata.

ROTI = ROTI on rakennetun omaisuuden tilan ja kehityksen arviointia varten kehitetty järjestelmä, joka perustuu laajaan faktapohjaan ja asiantuntijapaneeleiden työskentelyyn. RIL koordinoi hankkeen alusta loppuun.

rumpu = Suomessa *rummuksi* määritellään rakenne, jonka vapaa-aukko eli peräkkäisten tukien vapaa väli on alle 2 metriä. Tätä suuremmat luokitellaan *silloiksi*.

ruoppaus = *Ruoppauksella* tarkoitetaan maansiirtotapaa, jossa vedenalainen maa (myös kivet, lohkareet ja louhe) irrotetaan, siirretään ja läjitetään uivalla, erikoisesti vedenalaiseen maansiirtoon tarkoitetulla kalustolla (Hartikainen 2007).

seututie = *kuntakeskuksia yhdistävä tie* (tiet)

silta = *Silta* on rakenne, joka johtaa liikenteen tai materiaalin esteen yli mahdollistaen käyttäjien kulun itsensä ali (esim. pato ei ole silta). Sillat ovat *infrarakenteita* ja siten osa tietä, katua, rautatietä tai väylää. Suomessa Liikennevirasto luokittelee tilastoissaan siltoihin kuuluvaksi myös rummut, joiden aukon läpimitta, ns. vapaa aukko, on ≥ 2 m.

siltarumpu = *Siltarumpu* on tien, kevyen liikenteen väylän, liittymän tai rautatien alitse penkereen läpi rakennettu holvi, jonka kautta vesi pääsee virtaamaan penkereen toiselle puolelle. Rumpu rakennetaan tyypillisesti teollisesta valmisosasta, joka voi olla esimerkiksi terästä, PVC-muovia tai betonia.

suuntaus = *Linjaus ja tasaus yhdessä* (tiet ja kadut).

taitorakenne = *Taitorakenteisiin* voidaan katsoa siltojen lisäksi kuuluvan mm. tunnelit, tukimuurit, laiturit, paalulaatat, meluesteet, portaat ja muut rakenteet (esim. pengerkaiteet, aidat) (Helsingin kaupunki 2017).

tasaus = *Tien korkeusasema suhteessa maanpintaan* (suunnitelmissa pituusleikkauspiirustus).

telematiikka = *Telematiikaksi* kutsutaan sitä osaa *tietotekniikasta*, joka sisältää samalla kertaa sekä *teletekniikkaa* (tietoliikennetekniikkaa) että *tietojen käsittelytekniikkaa*. Koska telematiikkaa sovelletaan ja käytetään apuna "laajalla saralla", on aiheellista mainita, että tässä yhteydessä tarkoitetaan nimenomaan (tie)liikenteen telematiikkaa (Jokipii 1998).

tie = *Tie* on maastoon rakennettu tai luonnonvarainen kulkuväylä. Hallinnollisesti tiellä tarkoitetaan Suomessa valtion ylläpitämiä liikenneväyliä (ei yksityistiet). Katso myös *kadun* määritelmä.

tien kerrokset = *Tien päällysrakenteeseen* kuuluu useita kerroksia (päällystekerrokset, kantava-, jakava-, suodatinkerros). Lisäksi voi olla routaeristeitä tai suodatinkankaita. Kaikkia edellä mainittuja ´elementtejä´ ei kuitenkaan ole aina kaikissa tierakenteissa. Rakennetta voidaan lisäksi vahvistaa erilaisilla lujitteilla. Tien päällysrakenteen alla on *alusrakenne* (esim. pohjamaa tai pengertäyte) (Liikennevirasto 2018).

todelliset kustannukset = *Todelliset kustannukset* ovat kaikki realisoituneet kustannukset (menot). Esimerkiksi auton omistaminen aiheuttaa monenlaisia käyttökuluja maksetun ostohinnan päälle. Auton käyttökuluihin sisältyy esimerkiksi polttoainekulut, arvonalenema, mahdollinen dieselvero, vakuutukset, pysäköintimaksut ja huollot.

turvallisuusasiakirja = *Turvallisuusasiakirjalla* tarkoitetaan rakennustyön suunnittelua ja toteutusta varten laadittua asiakirjaa. Se sisältää työmaa-alueen kuvauksen ja olosuhteet, vaaraa aiheuttavat rakennustyöt, rakennustyön suoritusvaatimukset ja ympäristön suojauksen menetelmät.

uusiotuote, hyötyjäte = *Hyötyjäte* on uusioraaka-ainetta ja uusiomateriaalia. Hyötyjätteestä tehty tuote puolestaan on *uusiotuote* tai *kierrätystuote*.

valtakunnalliset alueidenkäyttötavoitteet = Nämä ovat osa maankäyttö- ja rakennuslain mukaista alueidenkäytön suunnittelujärjestelmää (ympäristö.fi, 2020).

valtatie = *valtakunnan päätieverkko*

varmuusluku =Rakenteiden turvallinen käyttö edellyttää (esim. sillat), että kuormituksesta materiaaliin syntyvä jännitystila on selvästi käytetyn materiaalin sietokyvyn alapuolella. Sietokyvyn ja kuormitusjännityksen suhdetta kutsutaan rakenteen varmuusluvuksi (Safety factor).

viettokaltevuus = (Tien)pinnan viettokaltevuudella tarkoitetaan pituuskaltevuuden ja sivukaltevuuden geometrista summaa eli vektorisummaa.

yhdyskuntatekniikka = *Yhdyskuntatekniikka* kattaa ympärillämme olevan infrastruktuurin ylläpidon ja rakentamisen, kuten vesihuollon, viemärit, tiet (kadut) ja jätehuollon.

yksityiset tiet = *Yksityiset tiet* voidaan jakaa tie- ja käyttöoikeuksien perusteella kolmeen ryhmään: toimitustiet, sopimustiet ja kiinteistöjen omat tiet. Yksityistienpitoa säätelevä yksityistielaki (Laki yksityisistä teistä, 358/1962) koskee pääasiassa vain toimitusteitä (Hämäläinen, Rahja 2012).

yleiset tiet = *Valtion tiet*

yleiskaava = *Yleiskaava* on kunnan yleispiirteinen maankäytön suunnitelma. Sen tehtävänä on yhdyskunnan eri toimintojen, kuten asutuksen, palvelujen ja työpaikkojen sekä virkistysalueiden sijoittamisen yleispiirteinen ohjaaminen sekä toimintojen yhteensovittaminen. Yleiskaavoituksella ratkaistaan tavoitellun kehityksen periaatteet, ja yleiskaava ohjaa alueen asemakaavojen laatimista (ympäristö.fi, 2020).

YVA = *Ympäristövaikutusten arviointimenettelyn* (*YVA*) avulla pyritään vähentämään tai kokonaan estämään hankkeen haitallisia ympäristövaikutuksia. Hankkeet voivat olla esimerkiksi moottoriteitä, kaatopaikkoja tai voimalaitoksia. YVA:ssa hankkeen vaikutukset arvioidaan suunnittelun yhteydessä ennen päätöksentekoa, jolloin tuleviin ratkaisuihin voidaan vaikuttaa. YVA on suunnittelun apuväline, jonka tulokset on otettava huomioon hankkeen lupaharkinnassa (ympäristö.fi, 2020).

2.3 INFRA JA SEN KANSANTALOUDELLINEN MERKITYS

Kansallisvarallisuus, vaikuttavuus ja verotus

Rakennuksiin on sitoutunut 45 prosenttia kansallisvarallisuudestamme, eli noin 500 miljardia euroa. Kun siihen liitetään *infran* osuus, 83 prosenttia kiinteästä pääomakannastamme on sidottu rakennettuun ympäristöömme. *Liikenneverkon* arvo on noin 55 miljardia euroa (maantiet, metsätiet, yksityistiet, kadut, metro, raitiotie, rautatie, lentokentät, vesiväylät ja merikuljetussatamat). Jokainen euro, joka investoidaan *rakennettuun ympäristöön*, tuottaa itsensä yli kaksinkertaisena takaisin pienentyneinä logistiikka-, lämmitys-, tila- ja työvoimakustannuksina. Kaikkein epäedullisinta on kansantalouden näkökulmasta olla tekemättä mitään, sillä rakennetun ympäristön kunnossapidon laiminlyönti maksaa useita miljardeja vuotuisesti jo pelkästään suorina vaikutuksina (esim. vesivuotoina, energianhukkana ja pidentyneinä kuljetus-aikoina) (ROTI 2019).

Suomen liikenneinfrastruktuurin rahoitus pitäisi olla vuosittain 2,3 miljardia eli prosentti bruttokansantuotteestamme. Näin olisimme Ruotsin tasolla investoinneissa. Rahoituksesta 1,3 miljardia euroa olisi ohjattava *perusväylän ylläpitoon* ja loput *investointeihin*. Tällä hetkellä infraan investoidaan vuosittain noin 450 miljoonaa euroa ja ylläpitoon miljardi euroa (ROTI 2019). *Liikennehankkeet* ovat myös merkittävä *työllistäjä kansantaloudessamme*. Esimerkiksi *työllistävyyden* arviointimallissa vaikutusmekanismien tarkastelu voidaan jakaa väylän pitoon ja väylän käyttöön. Väylänpito puolestaan sisältää (uuden) rakentamisen ja ylläpidon (Jokipii, Joutsensaari, Kallberg, Salli 2000). Toisin sanoen investointeja ja työllistävyyttä tulee tarkastella laaja-alaisesti, sillä mukaan tulevat sekä välittömät että välilliset vaikutukset.

Pidän tärkeänä tarkastella tässä myös laajemmin *arvokäsitettä* (ei esimerkiksi vain kirjanpitoarvo). *Tieverkon käyttöarvo* muodostuu tieverkon mahdollistamista vaikutuksista tienkäyttäjälle, kotitalouksille ja julkiselle sektorille. *Käyttöarvoon* vaikuttaa esimerkiksi kysyntä ja sen muutokset, verkon kunto ja mahdolliset muut arvottamiskriteerit (Jokipii 2003). Ääriesimerkkinä voidaan mainita fiktiivinen rakennushanke, jossa rakennetaan kilometrien pituinen moottoritie "keskelle ei mitään". Tällöin kirjanpitoarvo voi olla kymmeniä miljoonia euroja, mutta käyttöarvo nolla tai lähellä sitä. Edellisessä esimerkissä korostuu verkon todellisen käytön mahdollisuus reaalisesti henkilö- ja tavaraliikenteessä.

Valtion tulot tieliikenteestä

Valtio kerää tieliikenteestä erilaisia verotuloja ja muita maksuja. Suurin yksittäinen verolaji on *polttoaineiden valmistevero*, jota kerätään bensiinistä ja dieselpolttonesteestä. Lisäksi henkilö- ja pakettiautojen ja moottoripyörien ensirekisteröinnin yhteydessä kerätään kertaluonteinen *autovero*. Valtio kerää lisäksi henkilö-, paketti- ja kuorma-autoilta *ajoneuvoveroa*, joka jakaantuu *käyttövoimaveroon ja perusveroon*. *Käyttövoimaveroa* peritään kaikilta muilta ajoneuvoilta, paitsi bensiinikäyttöisiltä. Lisäksi tieliikenteeltä kerätään *vakuutusmaksuveroja* sekä erilaisia arvonlisäveroja, muun muassa uuden auton hankinnan sekä autojen huolto- ja korjaustoiminnan palveluista (Autoalan tiedotuskeskus 2020).

Valtion verotulot tieliikenteestä ovat kasvaneet 2010 -luvulla noin *8 miljardiin euroon (vuonna 2019 verotulot olivat 7,95 mrd euroa).* On tärkeää huomata, että alv-osuus em. tuloista on hyvin merkittävä.

Suomessa tieliikenteen verotus on suhteellisen korkeaa. Veroja kerätään niin ajoneuvojen hankinnan yhteydessä kuin käytön aikaisina veroina. Valtion tulot tieliikenteestä olivat vuonna 2018 noin 8,1 miljardia euroa (suurimmillaan 2010-luvulla kyseisenä vuonna).

Autoilun verotuksen tavoitteet ovat pääosin valtiontaloudellisia. Autovero ja ajoneuvovero on porrastettu *hiilidioksidipäästöihin*. Toisin sanoen niillä tavoitellaan myös autohankintojen suuntaamista vähäpäästöisempiin autoihin. Liikenne edellyttää myös julkisilla varoilla hankittuja investointeja. Lisäksi liikenteestä aiheutuu ulkoisia haittoja. Veroilla ja maksuilla voidaan myös tukea liikennepoliittisia tavoitteita, kuten liikenneturvallisuuden parantamista ja päästöjen vähentämistä. Tieliikenteestä kerätyistä veroista vuosittain noin 0,8 miljardia palautuu liikennesektorille valtion tieverkkoon käytettynä rahoituksena. *Valtion liikenneverkon kokonaisrahoitus on viime vuosina ollut noin 1,7 mrd euroa.* Lisäksi *kunnat* investoivat vuosittain liikenneverkkoon noin 1,4 miljardia euroa (Autoalan tiedotuskeskus 2020).

Liikenteestä kertyy valtiolle merkittävästi myös *arvonlisäverotuloja*. Arvonlisäveroa kerätään muun muassa uusien autojen, liikennepolttoaineiden ja varaosien myynnistä, autojen leasing- ja vuokrauspalveluista sekä autojen huolto- ja korjauspalveluista. Tieliikenteestä kerätään arvonlisäveron ohella monia erityisveroja. Merkittävimmät näistä ovat bensiinistä ja dieselöljystä perittävä polttoainevero sekä jo aiemmin mainitut henkilö- ja pakettiautojen, moottoripyörien käyttöönotossa perittävät autoverot sekä vuosittainen ajoneuvovero (koostuu perusverosta ja muilta kuin bensiinikäyttöisiltä autoilta perittävästä käyttövoimaverosta) (Autoalan tiedotuskeskus 2020).

<u>Verojen osuus polttonesteiden hinnasta</u>

Polttoaineiden markkinahintaan sisältyy arvonlisäveron (24 %) lisäksi valmisteveroja. Valmisteveron määrä on kiinteä, joten se ei riipu polttoaineen verottomasta markkinahinnasta. Arvonlisäveron määrä sen sijaan lasketaan valmisteverollisesta hinnasta, joten sen suuruuteen vaikuttaa myös veroton markkinahinta. Maaliskuussa 2020 verojen osuus dieselin markkinahinnasta oli noin 55 prosenttia ja bensiinin hinnasta noin 70 prosenttia. Liikennepolttoaineista kerättiin vuonna 2019 veroa noin 2,6 miljardia euroa. Lisäksi polttoaineiden alv oli 1,2 miljardia euroa (Autoalan tiedotuskeskus 2020). Maailman poliittinen tilanne on muuttunut merkittävästi, ja mm. vuoden 2022 polttoaineiden myyntihinnat ovat kohonneet merkittävästi.

3. LIIKENNE JA VÄYLÄT

3.1 LIIKENNEVÄYLÄT, JÄRJESTELMÄT JA SUORITTEET

Väylien Ryhmittelyä

Liikenneväyliä on mahdollista kategorisoida useilla eri tavoilla. Tässä on esitetty niistä tavallisimpia. Sinänsä ryhmittely selkeyttää hahmottamista ja mahdollistaa paremmin osakokonaisuuksien jatkotarkastelun sekä analysoinnin (looginen kokonaisuus).

Liikennetavan laadun mukaan väylät voidaan jakaa seuraavasti:

- *maaliikenne (kadut, tiet ja rautatiet, raitiotiet, metro)*
- *vesiliikenne*
- *ilmaliikenne*
- *(sähköinen ja optinen viestintä)*

Kuva 1. Liikenneväylän jaottelua:

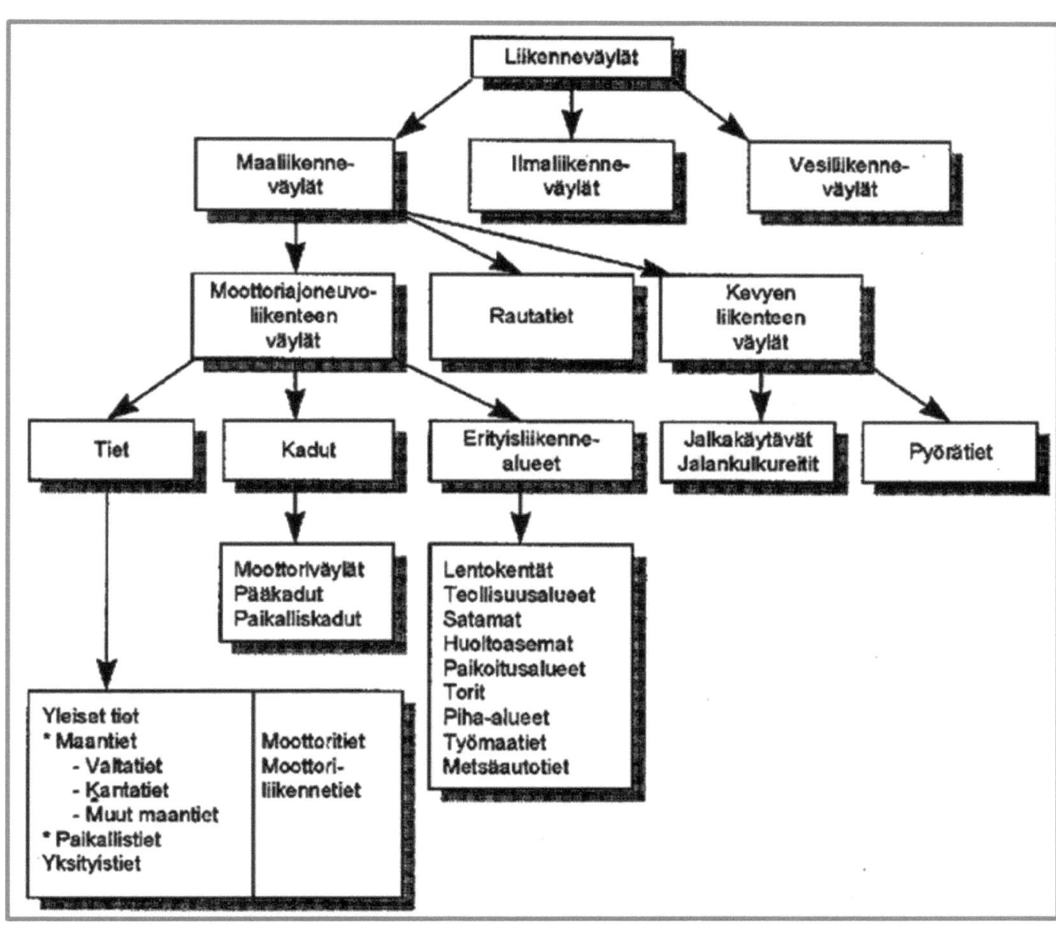

(mm. Hoikkala 2005)

Liikennöintiväylän mukaan voidaan kategorisoida seuraavalla tavalla:

- *tieliikenne*
- *vesiliikenne*
- *rautatieliikenne*
- *kaapeliliikenne*
- *radioliikenne*
- *erityiskuljettimet (hissit, köysiradat, hihnat, koneportaat)*

Liikennejärjestelmä

Liikennejärjestelmä on mahdollista ryhmitellä myös mm. seuraavilla tavoilla:

- *maa-, vesi- ja ilmaliikenne*
- *henkilö-, tavara- ja tietoliikenne*
- *lähi- ja kaukoliikenne*

Kokonaisuutena *liikennejärjestelmään* voi kuulua:

- *liikenneväylät* (kadut, tiet, radat, sillat, kevyen liikenteen väylät, erityisliikennealueet jne.)
- *terminaalit* (satama, pysäköintialue, lentoasema)
- fyysiset liikennevälineet (erilaiset autot (kuten HA, PA, KA), moottoripyörät, pyörät, vesialukset, ilma-alukset...)
- *liikenteen hoito- ja ohjaussäännöstöt* (liikennesäännöt ja niiden valvonta, liikennemerkit)
- *liikenteen hoito-organisaatiot* (viranomaiset, kunnat, liikennelaitokset, yritykset...)

Liikenneverkko

Tieliikenneverkko

TIEVERKKO		
valtiollisia teitä		78 000 km
josta, keskeinen verkko	Valtatiet/Eurooppatiet	8 600 km
	Kantatiet	4 700 km
Alempiasteinen verkko	Seututeitä	13 500 km
	Yhdysteitä	51 200 km
josta sorateitä		27 000 km
Kunnallisia katuja ja teitä		26 000 km
Yksityisteitä		350 000 km
	joista oikeus valtion tukeen/valtion tuki	55 000 km
Yhteensä		454 000 km

Taulukko 1. (Lähde: Holm, Hietala, Härmälä 2015)

Maanteiden ja rautateiden valtakunnallisesti merkittävät pääväylät on määritetty Liikenne- ja viestintäministeriön asetuksella 1.1.2019.

Pääväylät yhdistävät valtakunnallisesti ja kansainvälisesti suurimmat keskukset sekä solmukohdat. Ne palvelevat erityisesti pitkien etäisyyksien työmatkaliikennettä sekä elinkeinoelämän tavarakuljetuksia. Kaikkiin maakuntakeskuksiin ulottuu maanteiden ja rautateiden pääväylä.

Kuva 2. Maanteiden pääväylät (Väylävirasto 2020).

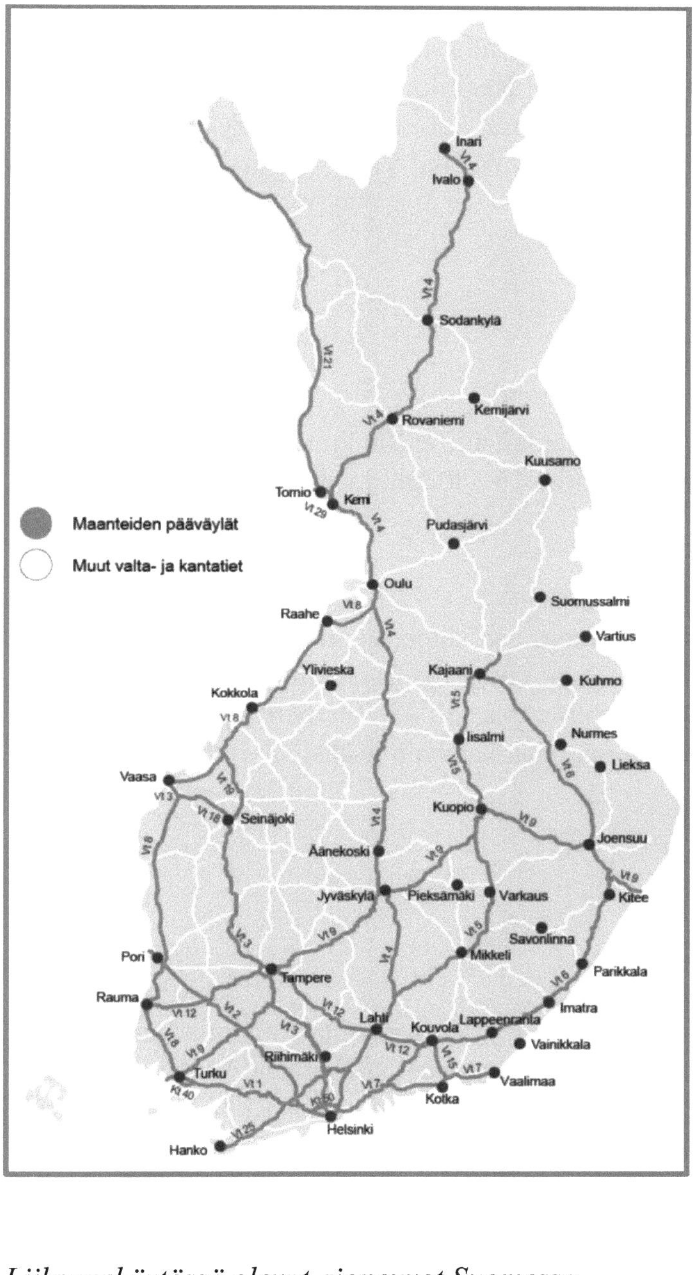

Liikennekäytössä olevat ajoneuvot Suomessa

Autoalan tiedotuskeskuksen (2020) mukaan Suomessa oli vuonna 2019 liikennekäytössä 2 720 307 henkilöautoa, 330 671 pakettiautoa, 95 141 kuorma-autoa ja 12 577 linja-autoa. Yhteensä ajoneuvoja oli 3 158 696. Käytössä olevien henkilöautojen keski-ikä oli 12,2 vuotta (muilla ajoneuvolla vastaava keski-ikä oli 11,7 – 13,9 vuotta – kuorma-autokanta vanhinta 13,9 vuotta).

Rautatieverkko

Suomen liikennöidyn rataverkon pituus oli vuoden 2018 lopussa 5926 km, josta 3 330 kilometriä oli sähköistetty. Yksiraiteista on 5234 km ja kaksi- tai useampiraiteista puolestaan 692 kilometriä. Vuosittain kunnossapitoon käytetään lähes 200 miljoonaa euroa.

Suomen rataverkon raideleveys on 1524 mm, joka poikkeaa suurimmassa osassa muuta Eurooppaa käytettävästä 1435 mm:stä. (Syynä mm. se, että kun vuonna 1862 ´Suomen´ ensimmäinen rautatie välille Helsinki-Hämeenlinna valmistui, Suomi oli osana Venäjää (sama raideleveys)). Sähköradan jännite on 25 kV ja taajuus 50 Hz. Rataverkon suurimmalla osalla sallitaan 22,5 tonnin akselipaino. Osalla rataverkkoa on käytössä myös 25 tonnin akselipaino. Henkilöjunien suurin sallittu nopeus on 220 kilometriä tunnissa ja tavarajunien 120 kilometriä tunnissa. Suomesta on raideyhteydet Ruotsiin Tornion kautta ja Venäjälle Vainikkalasta, Imatrankoskelta, Vartiuksesta sekä Niiralasta (mm. Väylävirasto 2020).

Vesiliikenneväylät

Väyläviraston ylläpitämiä rannikkoväyliä on yhteensä hieman alle 8 300 km ja sisävesiväyliä 8 000 km. Yhteensä Väyläviraston ylläpitämiä vesiväyliä on noin 16 300 km, joista kauppamerenkulun väyliä on lähes 4 000 km.

Kaikkiaan on kartoille merkittyjä yleisiä kulkuväyliä Suomessa yhteensä noin 20 000 km. Näillä väylillä merenkulun turvalaitteita (mm. majakoita, poijuja, viittoja ja linjatauluja) on yhteensä yli 34 000 kpl. Näistä Väylävirasto ylläpitää noin kahta kolmasosaa eli 25 700 merenkulun turvalaitetta. Saimaan järvialueelta merelle johtavan Saimaan kanavan lisäksi väylästöön kuuluu 31 muuta sulkukanavaa (Väylävirasto 2020)

Ilmaliikenne

Finavian tilastojen mukaan Suomen lentoliikenteen *kokonaismatkustajamäärä* on kasvanut viime vuosina. Suomen lentokentillä oli vuonna 2018 lähes 25,0 miljoonaa matkustajaa. Vuonna 2017 matkustajia oli noin 22,7 miljoonaa, joten matkustajamäärä on kasvanut noin 10,1 %. Vuonna 2016 matkustajia oli kaikkiaan 20,8 miljoonaa.

Helsinki-Vantaan lentoaseman matkustajamäärissä on nähtävissä myös selkeää kasvua viime vuosina (ennen vuotta 2020). *Helsinki-Vantaan lentoasemalla* matkustajia oli vuonna 2018 *20,8* miljoonaa. Kasvua edellisvuoteen tapahtui 10,4 % matkustajamäärän ollessa vuonna 2017 18,9 miljoonaa. Vuonna 2018 Helsinki-Vantaan matkustajista *3,7* miljoonaa oli vaihtomatkustajia ja vuonna 2017 3,1 miljoonaa (Liikenne FAKTA 2020). Vuonna 2020 matkustajamäärät ovat romahtaneet globaalista koronaepidemiasta johtuen ja sen aiheuttamista matkustusrajoituksista. Kuitenkin on tarkoituksenmukaisempaa ottaa tilastoluvuiksi ns. ”normaalitilanne”.

Vuonna 2018 *kotimaan lentoliikenteessä* kuljetettiin Rahtia 2166 tonnia ja postia 327 tonnia (yhteensä 2 493 tonnia). *Kansainvälisen liikenteen* vastaavat luvut olivat rahdilla 197 127 tonnia ja postilla 7741 tonnia (yhteensä 204 868 tonnia). Kaiken kaikkiaan lentoliikenteessä kuljetettu tavaramäärä oli 207 361 tonnia – eli kotimaan liikenteen osuus on kuljetuksissa hyvin pieni (Finavia 2020).

Kuva 3. Infraa maalla ja ilmassa.

(https://cdn.pixabay.com/photo/2013/06/08/00/59/passenger-traffic-122999_960_720.jpg)

3.2 KADUT

Kadun määritelmä

Katu tarkoittaa kulkuväylää, joka sijaitsee asemakaavoitetulla alueella. Katu on Suomen tieliikennelain mukaan *eräs tien muoto*. Kunta huolehtii asemakaavoitetun alueen liikenne- ja katusuunnittelusta, rakentamisesta ja ylläpidosta sekä katualueen johtojen ja rakenteiden yhteensovittamisen (mm. Kuntaliitto 2020).

Asemakaava-alueella voi olla katujen lisäksi valta-, kanta- ja seututeitä tai muita maanteitä. Ne palvelevat asemakaava-alueen ulkopuolelle suuntautuvaa liikennettä. Kadun hoidosta ja kunnossapidosta vastaa se kunta, jonka alueella *katu* sijaitsee.

Kadut voidaan jakaa kolmeen *liikennetilaan* niiden käyttötarkoituksen mukaan:

- *Kävelytilat* on tarkoitettu kävelyyn, oleskeluun ja toisinaan pyöräilyyn. Nopeusrajoitus on 10 km/h. Kävelytilat sijaitsevat kaupunkien ydinkeskustoissa tärkeiden liiketoimintojen läheisyydessä.
- *Hidasnopeuksiset liikennetilat* ovat tarkoitettu kävelyyn, pyöräilyyn ja moottoriajoneuvoliikenteelle. Nopeusrajoitus on 20–30 km/h.

  Hidasnopeuksinen liikennetila voi olla esimerkiksi *liikekatu*, jonka varrella on asiakaspysäköintipaikkoja. Pihojen kanssa osittain yhteisiä toimintoja palvelevat *pihakadut*, jotka ovat sekä ajoneuvo- että jalankulkuliikenteelle.

- *Autoliikennetilat* ovat tarkoitettu moottoriajoneuvoliikenteelle. Näitä katuja käyttää raskas liikenne. Autoliikennetilojen nopeustaso on n. 40 km/h (Lähellä kaupungissa 2020).

Autoliikennetiloissa kevyt liikenne on erotettu rakenteellisesti omalle väylälleen. Ajorataa reunustava jalkakäytävä voi olla ajoradan toisella tai kummallakin puolella. Jalkakäytävään voi liittyä rinnakkainen tai yhdistetty väylä pyöräilijöille (Lähellä kaupungissa 2020).

Liikenneturvallisuus on kuntien liikenneympäristön suunnittelussa avainasemassa. Hyvät kävely- ja pyöräilyolosuhteet luovat viihtyisää elinympäristöä. *Kunnan velvollisuus kadunpitoon alkaa, kun asemakaavan mukaisen maankäytön liikennetarve sitä edellyttää.* Tontinomistajan velvollisuutena on jalkakäytävän lumen poistaminen ja liukkauden torjunta sekä kadun puhtaana pitäminen (Kuntaliitto 2020).

Muu yleinen alue, esimerkiksi puisto, on kunnan rakennettava tai kunnostettava, kun asemakaavan mukainen maankäyttö sitä edellyttää. (Kuntaliitto 2020)

Useilla *kunnilla* on myös tarjottavanaan verkkosivut, josta löytyy erilaisia kunnan palveluja sekä esimerkiksi maankäyttöön ja rakentamiseen liittyvää tietoa sekä ohjeita. Esimerkkinä mainittakoon Helsinki, Espoo, Vantaa, Tampere, Oulu, Kuopio, Jyväskylä ja Turku (mm. infoa, kaavoitus ja maankäyttö, rakennusvalvonta, ohjeita ja lomakkeita). Myös kuntaliiton sivuilta löytyy monenlaista tietoa ja ohjeita infrapuoleen liittyen (kuntaliitto.fi).

Kadun ja tien ero

- katupinta-alan osuus taajamassa voi olla 25 %, eli sillä on suuri merkitys kaupunkikuvassa
- kadun suuntauksen ei tarvitse olla yhtä joustava kuin tien
- kadun toimintojen tulee olla selkeitä ja havainnollisia
- katu on monikäyttötila, runsaasti eri liikennemuotoja
- ajodynamiikalla on paikalliskadulla vain vähän merkitystä (ajonopeudet alhaisia, liian joustava suuntaus houkuttelee ylinopeuksiin)
- runsaasti erilaisia pakkopisteitä, kuten rakennuksia, johtoja ym.
- kadun kuivatus järjestetään yleensä maanalaisella sadevesiviemäröinnillä. Se vaikuttaa myös tasaukseen (kadun pinnan profiiliin).
- kadulta runsaasti liittymiä tonteille
- kadulla voi olla ajohidasteita
- liikennevaloja on kaduilla huomattavasti enemmän kuin teillä (Teillä esim. silloin, kun tie muuttuu kaduksi tultaessa ”kaupunkialueelle”. Esimerkkinä mainittakoon ´Hämeenlinnan väylä´).
- erillisiä joukkoliikennekatuja tai –kaistoja
- ei olemassa virallisia suunnitteluohjeita (suosituksia antavat mm. SKTY ja Kuntaliitto)
- katu ja siihen liittyvät alueet pyritään suunnittelemaan yhtenäiseksi kokonaisuudeksi (tiet pyritään erottamaan erilliseksi liikennealueeksi)
- samalla kadulla ja alueella tulee käyttää suuruusluokaltaan saman tasoisia elementtejä
- liikenteen ilman epäpuhtauksien osuus taajamissa 90 %, maaseudulla alle 10 %
- kadulla runsaasti teknisen huollon laitteita (putkistot, kaapelit, valaistus yms.)
- taajamien reuna-alueilla kadut muuttuvat asteittain tiemäisiksi (mm. Hoikkala 2005)

KATULUOKKA	KUVAUS	LIIKENNEMÄÄRÄ, ajon./vrk
1	Erittäin raskaasti liikennöity moottori- tai pääkatu (ajokaistoja 2+2)	>30 000
2	Raskaasti liikennöity moottori- tai pääkatu (ajokaistoja 2+2)	10…30 000
3	Pääkatu, kokoojakatu tai vilkasliikenteinen kerrostaloalueen asuntokatu (ajokaistoja 1+1)	2500…10 000
4	Asuntokatu tai pientaloalueen kokoojakatu, raskaiden ajoneuvojen pysäköintialueet	500…2500
5	Pientaloalueen asuntokatu, huoltoliikenteen väylät, henkilöautojen pysäköintialueet	10…500
6	Jalkakäytävät, pyörätiet, puistotiet; ei ajoneuvoliik.	

Taulukko 2. Katuluokitus. (Lähde: InfraRYL 2010: Osa 1 Väylät ja alueet)

Katuluokka vaikuttaa merkittävästi kadun kustannuksiin, koska sillä on vaikutusta mm. kadun pinta- ja päällysrakenteen (minimi)vaatimuksiin mitoituksessa. Se vaikuttaa myös kunnossapitoon ja ylläpitoon. Esimerkiksi rankan lumisateen sattuessa kadut on jaettu 'luokkiin', joiden mukaan priorisoidaan käytettävissä olevat voimavarat mm. tien aurauksiin, hiekoituksiin, suolauksiin jne. … Toisaalta on myös olemassa vaatimuksia siitä, missä kunnossa kunkin kadun tulee olla ja miten nopeasti pitää voida reagoida haasteisiin (mahdollisiin ongelmiin).

Kadun rakentaminen ja suunnitteluprosessin eteneminen

Katu rakennetaan kunnan hyväksymän suunnitelman mukaisesti. Katu on suunniteltava ja rakennettava siten, että se sopeutuu asemakaavan mukaiseen ympäristöönsä ja täyttää toimivuuden, turvallisuuden ja viihtyisyyden vaatimukset (Kuntaliitto 2020).

Yleissuunnittelu liittyy yleis- ja asemakaavoitukseen. Joistain laajemmista hankkeista tehdään tarkennettu yleissuunnitelma ennen seuraavaan suunnitteluvaiheeseen siirtymistä.

Katusuunnitelma laaditaan kaikista asemakaava-alueen kaduista, ja se on virallinen asiakirja, jota koskee maankäyttö- ja rakennuslain mukainen hyväksymismenettely.

Rakennussuunnitelmassa määritellään yksityiskohtaisesti kaikki rakennustekniset työt, massa- ja määrätiedot sekä kustannusarvio. Pienissä suunnittelukohteissa rakennussuunnitelman tiedot on sisällytetty katusuunnitelmaan (mm. Espoo 2020).

Suunnitteluprosessin vaiheet (esimerkkinä Espoon kaupunki 2020):

1. Suunnittelun aloitus

Katusuunnitelmat perustuvat vahvistettuun asemakaavaan, joka määrittää kadun luonteen ja sijainnin. Kadut suunnitellaan suunnitteluohjelman osoittamassa aikataulussa. *Suunnitteluohjelma* laaditaan erilaisten aloitteiden ja ohjelmien, kuten asuntotuotanto-ohjelman, vanhojen alueiden vesihuollon ohjelman ja KTP (kaavoitetut, tiivistyvät pientaloalueet) -ohjelman, sekä ennen kaikkea talousarvion ja -suunnitelman perusteella.

Kun suunnittelu käynnistyy, kohteesta tehdään *rakennettavuus- ja perustamistapaselvitys*, tilataan maaperätiedot ja maastomallimittaus sekä tarvittaessa kaivokartoitus. Maastotutkimusten alkamisesta tiedotetaan tontinomistajia tiedotteella. *Talousarviosta päättää kunnanvaltu*usto.

2. Katusuunnitelmaluonnos

Suunnittelukohteen vaikutuspiirissä olevat tontinomistajat saavat kirjeitse kutsun *kuulemistilaisuuteen*, jossa katusuunnittelija esittelee *suunnitelmaluonnokset*. Tilaisuudessa osalliset voivat esittää kadunsuunnitteluun liittyviä toiveita ja kommentteja koskien mm. vesihuoltoa, kuivatusratkaisuja, tontin ajoyhteyksiä, kadun ja tontin korkeustasoa, kadun mittoja, istutuksia, materiaaleja ja liikennejärjestelyjä. Asukastilaisuuden osallistujat listataan ja palaute kootaan.

3. Katusuunnitelmaehdotus

Luonnosvaiheen jälkeen suunnitelmia tarvittaessa tarkistetaan ja valmistellaan *katusuunnitelmaehdotus*. Katusuunnitelmassa on maankäyttö- ja rakennusasetuksen 41 § mukaan esitettävä katualueen käyttäminen eri tarkoituksiin sekä kadun sopeutuminen ympäristöönsä ja vaikutukset ympäristökuvaan, jos se alueen tai rakentamistoimenpiteen luonteen vuoksi on tarpeen. Suunnitelmasta käy ilmi kadun liikennejärjestelyperiaatteet, kuivatus ja sadevesien johtaminen, kadun korkeusasema ja päällystemateriaali sekä tarvittavat istutukset ja pysyväisluonteiset rakennelmat ja laitteet. Suunnittelijat tuottavat ehdotuksen.

4. Katusuunnitelmaehdotuksen hyväksyminen

Katusuunnitelmaehdotus asetetaan julkisesti nähtäville vähintään 14 päivän ajaksi. Nähtävillä olosta ilmoitetaan suunniteltuun alueeseen rajoittuvien kiinteistöjen omistajille ja haltijoille. Lisäksi nähtävillä olosta tiedotetaan kuulutuksilla lehdissä, kaupungin ilmoitustaululla sekä internetissä.

Osallisilla on oikeus tehdä ehdotuksesta muistutuksia, jotka on toimitettava tekniselle lautakunnalle ennen nähtävillä oloajan päättymistä. Ehdotus viimeistellään suunnitelma-asiakirjoiksi. Suunnitelmasta laaditaan teknistä lautakuntaa varten ehdotus katusuunnitelman hyväksymisestä asiakirjoineen.

Katusuunnitelmaehdotuksen hyväksymisestä päättää nähtävillä olon jälkeen *tekninen lautakunta*. Teknisen lautakunnan päätöksestä lähetetään pöytäkirjaote asianosaisille (rajautuvat kiinteistöt sekä muistutuksen jättäneet). Pöytäkirjaotteen lisäksi postitetaan suunnitelmaselostus, pienennös suunnitelmasta, käännös päätöksestä sekä valitusosoite hallinto-oikeudelle. Asiakirjat laaditaan molemmilla kotimaisilla kielillä. Em. suunnitelmien päätöksistä mahdollisesti tehdyt valitukset käsitellään Helsingin hallinto-oikeudessa (tässä esimerkissä) (Espoo 2020).

Maarakennuslaki (MRL) (Huom. Muutoksia ja uudistuksia tulossa lähivuosina)

Katusuunnitelman sisällöstä ja hyväksymisestä on säädetty 1.1.2000 voimaan astuneessa maankäyttö- ja rakennuslaissa:

MRL 85 § KADUN RAKENTAMINEN

Katu rakennetaan kunnan hyväksymän suunnitelman mukaisesti. Katu on suunniteltava ja rakennettava siten, että se sopeutuu asemakaavan mukaiseen ympäristöönsä ja täyttää toimivuuden, turvallisuuden ja viihtyisyyden vaatimukset.

Lakia täsmentävässä asetuksessa katusuunnitelmasta on lisäksi säädetty:

MRA 41 § Katusuunnitelma

Katusuunnitelmassa tulee esittää katualueen käyttäminen eri tarkoituksiin sekä kadun sopeutuminen ympäristöön ja vaikutukset ympäristökuvaan, jos se alueen tai rakentamistoimenpiteen luonteen vuoksi on tarpeen. Katusuunnitelmasta tulee käydä ilmi kadun liikennejärjestelyperiaatteet, kuivatus ja sadevesien johtaminen, kadun korkeusasema ja päällystemateriaali sekä tarvittaessa istutukset ja pysyväisluonteiset rakennelmat ja laitteet (ks. mm. Helsingin kaupunki 2017b)

…

Kaavan laadinta

Kaavan laadinta on monivaiheinen suunnittelu-, vuorovaikutus- ja päätöksentekoprosessi, jolle maankäyttö- ja rakennuslaki antaa yleiset puitteet. Tässä kuvataan, miten suunnittelu, osallistuminen ja päätöksenteko liittyvät toisiinsa. Kaavaprosessi on jäsennetty aloitus-, valmistelu-, ehdotus- ja hyväksymisvaiheeseen (kuva 4). Kaavaprosessin kuvaus on yleispiirteinen ja eri vaiheiden painotus voi vaihdella hankkeesta riippuen. (Ympäristöministeriö 2007).

Kuva 4. Suunnittelu, osallistuminen ja päätöksenteko kaavaprosessin eri vaiheissa.

Suunnittelu	Osallistuminen	Päätöksenteko
ALOITUSVAIHE		
Kaavoitustarpeen arviointi	Aloite kaavan laatimisesta tai muuttamisesta Keskustelu kaavoitustapeesta	Päätös kaavan laatimisesta
Suunnittelun ohjelmointi Alustavat tavoitteet Selvitystarpeet, aluerajaus Vaikutusarviointien laajuus		
Osallistumis- ja arviointisuunnitelma (OAS) valmistuu	Ilmoitus vireilletulosta OAS:sta tiedottaminen Tavoite- ja arvokeskustelua Viranomaisneuvottelu (tarvittaessa). Pidetään ennen kaavaluonnoksen asettamista nähtäville.	Osallistumis- ja arviointisuunnitelman käsittely
VALMISTELUVAIHE		
Tavoitteiden tarkentaminen Perusselvitysten laadinta ja täydentäminen Kaavaratkaisun periaatteet ja mahdolliset vaihtoehdot Vaikutusten arviointi Vaihtoehtojen vertailu	Osallistumistilaisuuksia ja viranmaisyhteistyötä kaavan merkittävyyden mukaan → Palaute vaihtoehdoista	Kehitettävän vaihtoehdon valinta
Kaavaluonnos valmistuu	Kaavaluonnos ja muu kaava-aineisto nähtävillä → Mielipiteet (ja lausunnot)	Kaavaluonnoksen asettaminen nähtäville
Palautteen käsittely Kaavaehdotuksen laadinta	Osallistumistilaisuuksia ja viranomaisyhteistyötä tarpeen mukaan	
EHDOTUSVAIHE		
Kaavaehdotus valmistuu	Kaavaehdotus nähtävillä → Muistutukset → Lausunnot	Kaavaehdotuksen asettaminen nähtäville
Yhteenveto muistutuksista ja lausunnoista Muutosehdotukset	Viranomaisneuvottelu (tarvittaessa) Vastaus muistutusten tekijöille pyydettäessä	
Kaavaehdotuksen tarkistaminen		Tarvittaessa uudelleen nähtäville
HYVÄKSYMISVAIHE		
	Ilmoittaminen kaavan hyväksymisestä (Muutoksenhaku) (Alueellisen ympäristökeskuksen oikaisukehotus) Kuulutus kaavan voimaantulosta	Kaavan hyväksyminen (Tuomioistuimen ratkaisu)

Katusuunnitelma

Katusuunnitelma on virallinen asiakirja. Lautakunnan hyväksymä katusuunnitelma ja katusuunnitelman selostus arkistoidaan lautakunnan vastaavan hyväksymispäätöksen yhteyteen. Lisäksi katusuunnitelman mustavalkoisena tulostettu muovi arkistoidaan rakennusviraston piirustusarkistoon (mm. Helsingin kaupunki 2017b).

Katusuunnitelman sisällöstä ja hyväksymisestä on säädetty 1.1.2000 voimaan astuneessa maankäyttö- ja rakennuslaissa:

MRL 85 § KADUN RAKENTAMINEN

Katu rakennetaan kunnan hyväksymän suunnitelman mukaisesti. Katu on suunniteltava ja rakennettava siten, että se sopeutuu asemakaavan mukaiseen ympäristöönsä ja täyttää toimivuuden, turvallisuuden ja viihtyisyyden vaatimukset.

Lakia täsmentävässä asetuksessa katusuunnitelmasta on lisäksi säädetty:

MRA 41 § Katusuunnitelma

Katusuunnitelmassa tulee esittää katualueen käyttäminen eri tarkoituksiin sekä kadun sopeutuminen ympäristöön ja vaikutukset ympäristökuvaan, jos se alueen tai rakentamistoimenpiteen luonteen vuoksi on tarpeen.

Katusuunnitelmasta tulee käydä ilmi kadun liikennejärjestelyperiaatteet, kuivatus ja sadevesien johtaminen, kadun korkeusasema ja päällystemateriaali sekä tarvittaessa istutukset ja pysyväisluonteiset rakennelmat ja laitteet.

Katusuunnitelma 1:500 ja katusuunnitelmien koostepiirustus 1:1000 tai 1:500 (värilliset)
Katusuunnitelmassa esitetään:

- kantakartta, josta on poistettu näkyviltä suunnitelman selkeyden kannalta tarpeetonta tietoa (rakennukset esitetään sävytettynä)
- katualueen rajat
- katujen nimet (myös risteävien)
- katuun rajoittuvista tonteista korttelin ja tontin numero, tonttipisteet numeroineen ja tontin käyttötarkoitus (AK, YK, T tms.) sekä tontin rajat
- katuun rajoittuvasta pysäköinti-, liikenne- ja puistoalueesta kaava sekä kaavarajamerkintä
- kadun keskilinjan ja tonttipisteiden korkeudet kadun rajalla sekä kaikkien taitepisteiden korkeudet (0.1 metrin tarkkuudella soikiolla ympyröitynä)
- katualueen poikkileikkausmitoitus käyttötarkoituksineen

reunatukilinjat

- ajokaistamaalaukset
- päällystemateriaalit ja kiveykset (esitetään alueina)
- suojatiet, jalankulun ja pyöräilyn erottelu

• korokkeet ja liikenteenjakajat

• kadun kalusteet (penkit, roska-astiat yms. varusteet)

• liikennevalot, valaisinpylväät ja portaalit

• sillat, tukimuurit, portaat ja meluesteet

• yksityiset rakenteet (portaat, jakokaapit yms.)

• raitiotiet, rautatiet ja pysäkit

• istutusalueet (esitetään alueina) • puut varusteineen (säilytettävät ja istutettavat) • piirustusmerkintöjen selitykset

• karttaindeksi 1:10 000, 80x80 mm:n koossa oikeassa yläkulmassa

• pohjoissuuntanuoli

• mittajana

• tyyppipoikkileikkaukset:

    o katualueen jako käyttötarkoituksen mukaisiin osiin mitoitettuna

    o istutusalueet, istutuslaji ja puut

    o valaisinpylväät

    o pintamateriaalimerkinnät

    o jalankulun / polkupyöräilyn kaistamerkintä (jk/pp-tie)

    o mittalinjan ja tasausviivan sijainti ja korkeus sekä katualueen reunalinjojen sijainti ja korkeus. Lisäksi taitepisteiden sivukaltevuusprosentti

    o kaiteet ja tukimuurit

• nimiö: (josta on leikattu tarpeeton osa pois (HSY Veden ja KVgeo:n osiot)

    o kaupunginosan numero ja nimi sekä osa-alueen nimi

    o kadun nimi, tai jos on kysymys osasta katua, osuus katuväleittäin (ei paaluväleittäin)

    o katujen nimet, jos kyseessä katusuunnitelman koostepiirustus

    o piirustuslaji (esim. katusuunnitelma) o mittakaava, 1:500 (koostepiirustus 1:500 tai 1:1000)

    o piirustuksen numero

    o asemakaavan numero

    o liikennejärjestelysuunnitelman numero

    o päivämäärä ja allekirjoitukset (mm. Helsingin kaupunki 2017b)

3.3 TIET JA YKSITYISET TIET

Määritelmiä

***Tie** on maastoon rakennettu tai luonnonvarainen kulkuväylä.* Hallinnollisesti tiellä tarkoitetaan Suomessa valtion ylläpitämiä liikenneväyliä (ei yksityistiet). *Yksityistie* määritellään lain mukaan sellaiseksi ensisijaisesti yksityistä liikennetarvetta palvelevaksi tieliikenteen väyläksi, johon rasitteena kohdistuu vähintään yhden kiinteistön hyväksi tieoikeus (mm. Finlex 2020).

Maanteiden ylläpitämisestä huolehtii *valtio.* Valtion puolesta tienpitäjänä toimii *Liikennevirasto. Tienpitoviranomaisena toimii alueellinen elinkeino-, liikenne- ja ympäristökeskus (ELY-keskus).* ELY-keskus teettää maanteiden suunnittelun, rakentamisen ja kunnossapidon niitä tuottavilla yrityksillä.

Tieluokat

***Tiet** luokitellaan käyttötarkoituksensa ja liikenteellisen merkityksensä perusteella useaan eri luokkaan.* Kuhunkin luokkaan kuuluvat tiet numeroidaan tietyllä tavalla, jotta tien luokka käy ilmi suoraan sen numerosta.

Tieluokat ovat seuraavat:

- *Valtatiet* palvelevat valtakunnallista ja maakuntien välistä pitkämatkaista liikennettä. Valtatiet numeroidaan numeroin 1-39. Tällä hetkellä käytössä ovat valtatiet 1-29. Liikennemerkeissä valtateiden numero on valkoinen numero punaisella pohjalla.
- *Kantatiet* täydentävät valtatieverkkoa ja palvelevat maakuntien liikennettä. Kantatiet numeroidaan numeroin 40-99. Liikennemerkeissä kantateiden numero on musta numero keltaisella pohjalla.
- *Seututiet* palvelevat seutukuntien liikennettä ja liittävät näitä valta- ja kantateihin. Seututiet numeroidaan numeroin 100-999. Liikennemerkeissä seututeiden numero on musta numero valkoisella pohjalla.
- *Yhdysteitä* ovat muut valtion ylläpitämät tiet kuin valtatiet, kantatiet ja seututiet. Yhdystiet numeroidaan numeroin 1000-19999. Liikennemerkeissä nelinumeroisten yhdysteiden numero on valkoinen numero sinisellä pohjalla. Viisinumeroisia numeroita ei merkitä liikennemerkkeihin. Yhdysteiden numeroa ei yleensä näytetä suunnistustauluissa.
- *Paikallistiet ja kadut ovat kuntien ylläpitämiä teitä.*

Maantielain mukaan liikenne- ja viestintäministeriö määrää, mitkä tiet ovat valta- ja kantateitä. Liikennevirasto määrää, mitkä tiet ovat seutu- ja yhdysteitä (mm. Grönroos 2020).

Miksi maanteitä tehdään?

Nykyisiä *maanteitä* parannetaan ja uusia rakennetaan muun muassa seuraavista syistä:

• Liikkuminen lisääntyy asunto-, työpaikka- ja palvelurakentamisen myötä.

- Elinkeinoelämän kuljetustarpeet on voitava hoitaa entistä paremmin.
- Liikkuminen työ- sekä vapaa-aikana lisääntyy ja autojen määrä kasvaa.
- Tiet halutaan turvallisemmiksi ja liikenteen ympäristöhaitat pienemmiksi.
- Kevyen liikenteen olosuhteita ja joukkoliikenteen käyttöä halutaan edistää.
- Liikkumisen sujumista halutaan parantaa (Liikennevirasto 2018c)

Väyläsuunnitelmien sovittaminen toimintaympäristöön

Yleiselle liikenteelle tarkoitettujen teiden ja katujen suunnittelu on vaiheittain etenevää. Tarvitaan eritasoisia suunnitelmia, joissa "suunnitelmat tarkentuvat" seuraavassa vaiheessa. Tiensuunnitteluvaiheet sovitetaan yhteen alueellisen maankäytön suunnittelun kanssa.

Kuva 5. Tiensuunnittelun toimintaympäristö (Liikennevirasto 2018c)

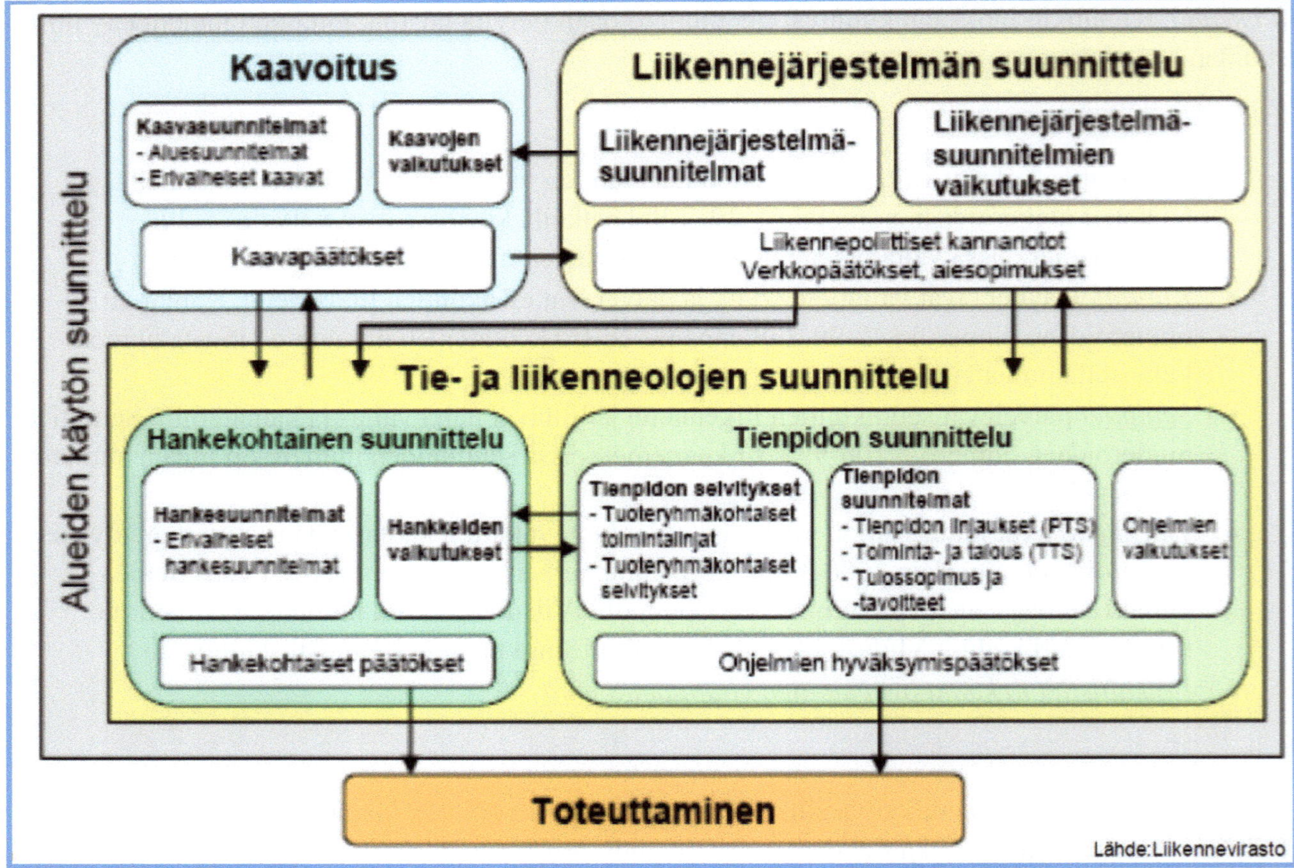

Yksityistiet

Tieyhdistys toimii yksityisteiden ja niiden tiekuntien valtakunnallisena opastajana ja edunvalvojana. Tieyhdistyksen jäseninä olevat tiekunnat saavat lisäksi monipuolisia jäsenpalveluja.

Tiesuunnittelun vaiheet

Tiehankkeiden suunnittelu on vaiheittain tarkentuva prosessi. Kunkin vaiheen suunnittelutarkkuus ja päätöksenteko sovitetaan yhteen maankäytön suunnittelun kanssa.

Suunnitteluprosessissa on neljä vaihetta: **esiselvitys, yleis-, tie- ja rakennussuunnitteluvaiheet**. Pienissä ja vaikutuksiltaan suppeissa tiehankkeissa suunnittelu- ja päätöksentekovaiheita voidaan yhdistää. Suunniteltaessa uutta tietä tai nykyisen tien parantamista, on suunnittelun perustuttava maankäyttö- ja rakennuslain mukaiseen kaavaan.

Tiensuunnittelun vaiheet liittyvät maankäytön suunnitteluun seuraavasti:

1. *Esiselvitysvaiheessa* tutkitaan tiehankkeiden tarvetta ja ajoitusta maakuntakaavan sekä yleiskaavan likimääräisellä tarkkuustasolla.

Esiselvityksiä on eri nimisiä ja sisällöltään erilaisia, sillä esiselvityksiä tarvitaan eri tarkoituksiin. Yleisimpiä hankekohtaisia esiselvityksiä ovat *kehittämisselvitys, tarveselvitys ja toimenpideselvitys*. Esiselvityksen lähtökohtia ovat toteutunut maankäyttö sekä nykyiset tie- ja liikenneolosuhteet. Yhteiskunnan kehittyminen aiheuttaa muutoksia liikkumistarpeissa ja liikenneoloissa. Esiselvitysvaiheessa nämä muutokset selvitetään, ja suunnitellaan ne toimenpiteet, joilla voidaan vastata liikenneolojen kehittämiselle asetettuihin tavoitteisiin. Esiselvityksen tuloksena hahmottuu hanke tai useita hankkeita, joille on alustavasti selvitetty mahdollisia vaihtoehtoisia toimenpiteitä vaikutuksineen ja kustannuksineen. Esiselvityksen perusteella voidaan päättää suunnittelun aloittamisesta.

2. Yleissuunnittelu vastaa yleiskaavatasoista tai asemakaavatasoista maankäytön suunnittelua. Yleissuunnitelmassa määritellään tien likimääräinen paikka ja tilantarve sekä suhde ympäröivään maankäyttöön.

Yleissuunnittelussa selvitetään tien likimääräinen sijainti, tien kytkennät nykyiseen sekä tulevaan tiestöön ja maankäyttöön; tekniset ja liikenteelliset perusratkaisut sekä ympäristöhaittojen torjumisen periaatteet.

Mikäli lainsäädäntö edellyttää ympäristövaikutusten arviointimenettelyä (YVA), tiehankkeen ympäristövaikutukset arvioidaan YVA-lain mukaisesti yleissuunnitteluvaiheessa. Yleissuunnitelmasta tehdään hyväksymispäätös, jonka jälkeen hanke voidaan sisällyttää lähivuosien toteuttamisohjelmiin (Liikenneviraston toiminta- ja taloussuunnitelma TTS, ELY-keskusten ohjelmat).

Koska yleissuunnitelmassa määräytyvät tien sijainti ja laatu sekä tien vaikutukset ihmisten elinolosuhteisiin ja ympäristöön, on yleissuunnittelu tiehankkeeseen vaikuttamisen kannalta tärkein suunnitteluvaihe.

3. Tiesuunnittelu on yksityiskohtaista suunnittelua ja vastaa asemakaavan tarkkuutta.

Tiensuunnitteluvaiheessa määritetään tien tarkka sijainti, tietä varten tarvittavat alueet, maanteiden ja yksityisten teiden liittymät sekä muut tiejärjestelyt, kevyen liikenteen ja joukkoliikenteen järjestelyt sekä muut yksityiskohtaiset ratkaisut, kuten liikenteen haittojen torjumiseksi tarvittavat toimenpiteet. Tiesuunnitelmassa ratkaistaan maanomistajiin ja muihin asianosaisiin välittömästi vaikuttavat tekijät, joten vuorovaikutus painottuu heidän kanssaan sovittaviin asioihin.

Tiesuunnitelmasta tehdään *hyväksymispäätös*, joka antaa tienpitäjälle oikeuden tietä varten tarvittavan alueen haltuun ottamiseen. Hyväksyttyyn tiesuunnitelmaan on joskus tarpeen tehdä muutossuunnitelma.

4. Rakennussuunnittelu liittyy hankkeen toteuttamiseen ja tehdään rakentamisen yhteydessä.

Rakennussuunnittelu kuuluu tien rakentamisvaiheeseen ja kattaa rakentamisessa tarvittavien asiakirjojen laatimisen. Usein rakennussuunnitelman laatimisesta vastaa urakoitsija. Vuorovaikutus rakentamisesta vastaavien ja maanomistajien sekä muiden asianosaisten kanssa jatkuu koko suunnittelun ja rakentamisen ajan tiesuunnitelman asettamissa rajoissa. Pienehköissä hankkeissa tie- ja rakennussuunnitteluvaiheet voidaan yhdistää.

Tie- ja rakennussuunnittelun sekä rakentamisen aikana ulkopuoliselle omaisuudelle mahdollisesti aiheutuneista vahingoista maksetaan korvaus.

Vaiheistetussa suunnitteluprosessissa vaihtoehtojen määrä vähenee suunnittelun tarkentuessa. Prosessin edetessä suunnittelu voidaan kohdistaa yhä rajatumpaan kokonaisuuteen. Kansalaisille ja muille suunnittelun osapuolille on tärkeää vaikuttaa oikeaan aikaan suunnitteluun. Suunnittelu voidaan myös keskeyttää, jos suunnittelun jatkamiselle ei enää ole riittäviä perusteita (Liikennevirasto 2018c).

Lisäksi seuraavat vaiheet tulevat mukaan hankkeen toteutuessa:

5. Toteutusvaihe
- Rakennussuunnittelu ja käytännön rakentaminen
6. Hoito ja ylläpito (Liikennevirasto 2018c)

3.4 KADUN JA TIEN RAKENTEET

Oheisessa kuvassa (6) on havainnollistettu tien ja kadun eri osia; kuten varsinainen tiealue, suoja-alue sekä näkemäalueet. Lisäksi on nimetty väylän osarakenteita ja osia.

kuva 6. Tien ja kadun osia. (mm. Hoikkala 2005)

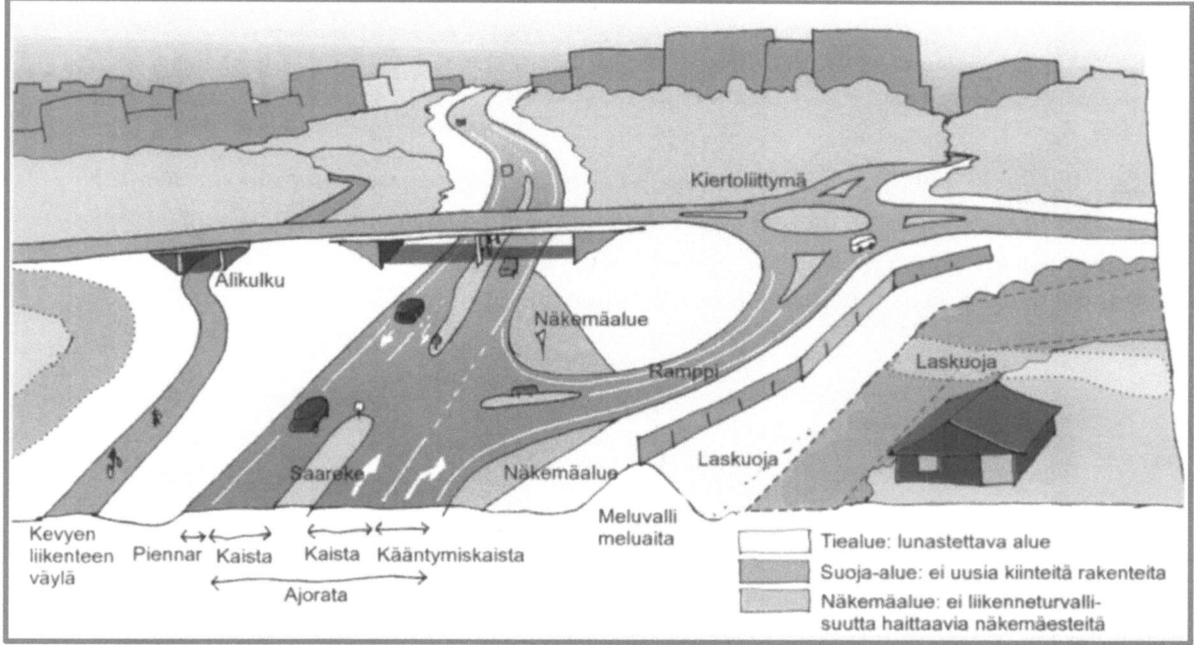

Tien päällysrakenteeseen kuuluu useita eri kerroksia (Kuva 7). Rakenne suunnitellaan ja mitoitetaan tapauskohtaisesti liikenteen, käytettävien materiaalien ja alusrakenteen laadun mukaan. Kaikkia kuvan kerroksia ei kuitenkaan yleensä ole samassa rakenteessa. Lisäksi rakennetta voidaan vahvistaa erilaisilla lujitteilla.

Kuva 7. Tien päällysrakennekerrosten nimitykset. (Liikennevirasto 2018, Tiehallinto 2004a)

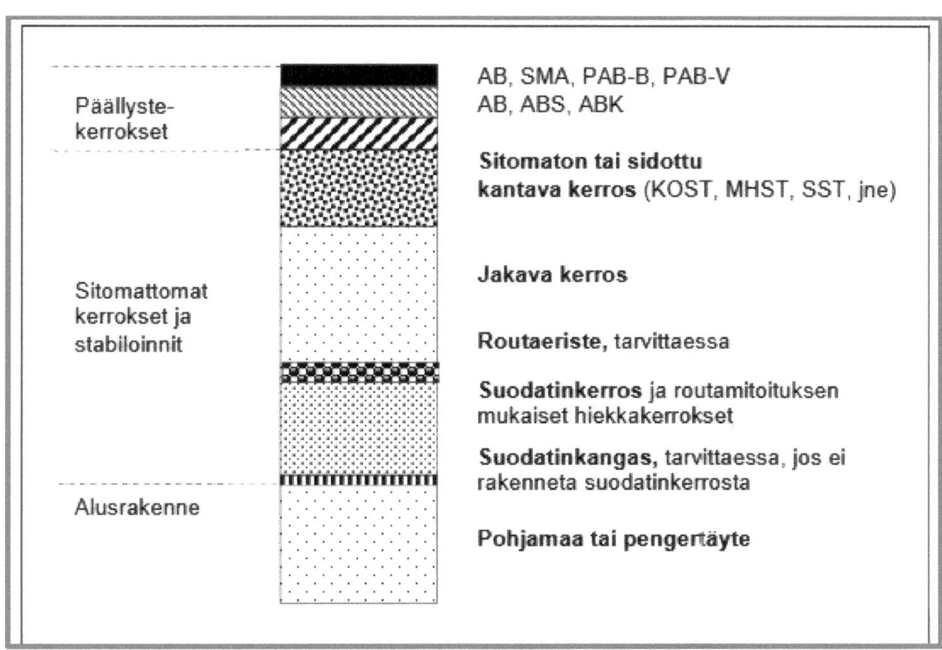

Kulutuskerros

Kulutuskerroksen tehtävänä on toimia tasaisena ja kulumista kestävänä alustana liikenteelle. Lisäksi päällyste estää veden pääsemistä alempiin rakennekerroksiin. Päällysteen tyyppi ja paksuus määräytyvät tien *kuormitusluokan* perusteella. Päällysteet ovat vilkasliikenteisillä teillä asfalttipäällysteitä. Vähäliikenteisillä teillä ja yksityisteillä käytetään sorapintaisia päällysteitä. Poikkeuksena PAB-B ja PAB-V, jotka ovat vähäliikenteisen tien asfalttipäällysteitä. (mm. Brax 2012).

Kantava kerros

Kantava kerros vastaanottaa liikenteestä aiheutuvia jännityksiä ja muodonmuutoksia. Kantava kerros jakaa liikennekuormituksen laajemmalle alueelle rakenteen alempiin kerroksiin. Lisäksi kerros toimii tasaisena alustana päällysteelle ja auttaa päällysteen läpi tulevien vesien kuivatuksessa. Kantava kerros rakennetaan aina kallio- tai soramurskeesta. (mm. Brax 2012, Hoikkala 2005).

Jakava kerros

Jakava kerros toimii kuormia jakavana kerroksena ja lisää rakenteen kantavuutta sekä roudankestävyyttä. Jakava kerros ottaa vastaan liikenteestä aiheutuvat leikkausjännitykset ja muodonmuutokset. Lisäksi kerros toimii apuna päällysteen ja kantavan kerroksen läpi tulevan veden pois johdattamisessa. *Jakavalla kerroksella pyritään myös katkaisemaan kapillaarisen veden nousemisen.* Tyypillisesti jakava kerros rakennetaan sorasta tai murskeesta. (mm. Brax 2012).

Suodatinkerros

Suodatinkerroksen tehtävä on estää alusrakenteen (penkereen tai pohjamaan) ja ylempien kerroksien sekoittuminen keskenään sekä lisätä tierakenteen kantavuutta. Lisäksi kerros toimii kapillaarisen veden katkaisijana rakennekerroksen päällä oleviin rakenteisiin ja hidastaa roudan tunkeutumista alla olevaan pohjamaahan. Suodatinkerroksen materiaalina on tyypillisesti hiekka. Kaikkien päällysrakennekerrosten materiaalin tulee olla lujaa, sulamis -jäätymiskestävää ja rakeisuudeltaan sopivaa, jotta vaadittu routimattomuus, vedenläpäisevyys ja kulumiskestävyys saavutetaan. Kerrosten materiaalin tulisi olla myös hyvin tiivistettävissä. (mm. Brax 2012).

Alusrakenne

Tien tasauksesta riippuen alusrakenne käsittää sekä pohjamaan että pengertäytteen. Tien tasauksen ollessa korkeammalla kuin maanpinta käytetään pengerrakennetta. Tasauksen ollessa leikkauksessa tie rakennetaan pohjamaan varaan. Alusrakennetta rakennettaessa tulee ottaa huomioon, että maaperä tarjoaa routasyvyyden rajoissa mahdollisimman tasaiset routanousut ja sulamisvaiheen siirtymät. (mm. Brax 2012).

Katuluokat

Katuluokkien välisten erojen tulee olla riittävän selkeät, jotta liikkuja tietää, miten eri katuluokkienmukaisissa liikenneympäristöissä tulee toimia. Ympäristön viesti tienkäyttäjälle on sitä selkeämpi, mitä johdonmukaisempia suunnitteluratkaisut eri katuluokissa ovat ja mitä yllätyksettömämpi katuympäristö on.

Helsingin kaupungin kaupunkisuunnitteluviraston liikennesuunnitteluosasto on hyväksynyt osastokokouksessaan 2.9.1996 *Helsingin kaduille toiminnallisen luokittelun*, jossa on *viisi katuluokkaa*. Luokittelussa pääväylät on jaettu *moottoriväyliin ja pääkatuihin, kokoojakadut edelleen alueellisiin sekä paikallisiin kokoojakatuihin, viidentenä katuluokkana ovat tonttikadut* (Kuva 8). Pääväylistä moottoriväylät ovat osa valtakunnallista sekä seudullista liikennettä palvelevaa tieverkkoa ja valtion hallinnoimia, joten ne on jätetty tässä käsittelemättä (Helsinki 2014). Hieman erilainen katuluokitus löytyy tästä julkaisusta aiempana esitettynä taulukossa 2.

Kuva 8. Katuverkon toiminnallinen luokitus (Helsinki 2014).

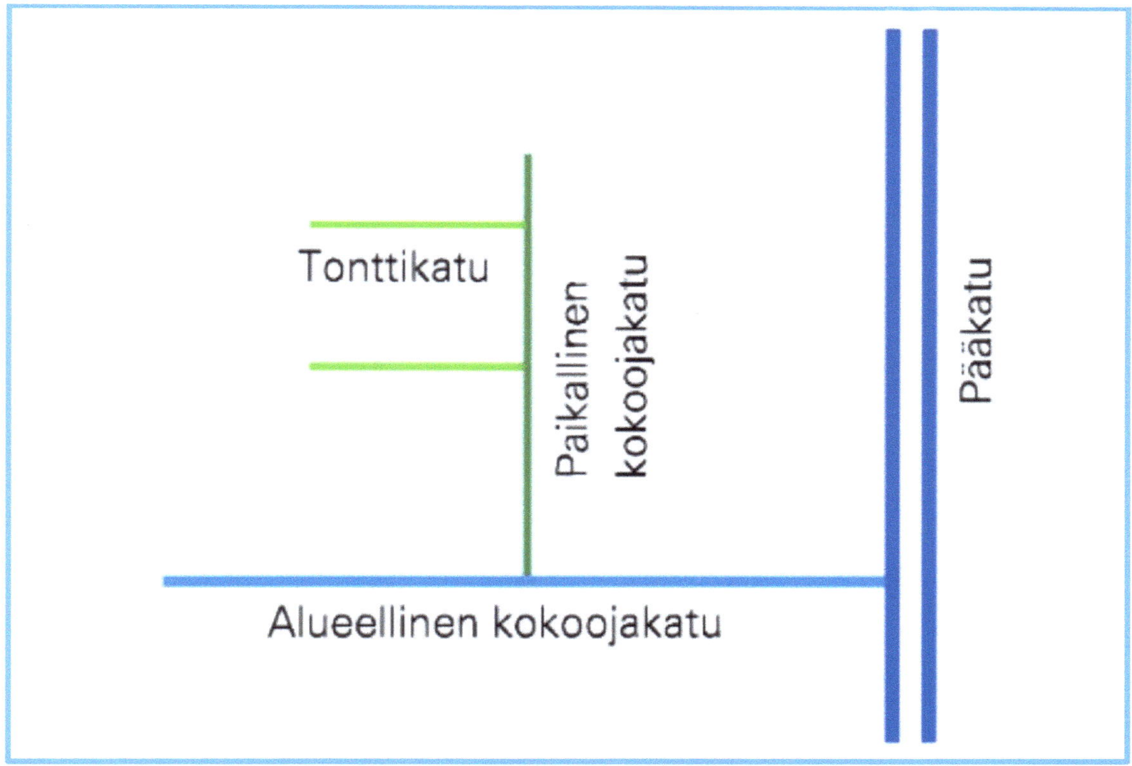

Kadun tehtävänä on yhdistää maankäyttö liikenneverkkoon ja kaupungin eri alueet toisiinsa. Lisäksi katuverkon tarkoituksena on jakaa ja jäsennellä kaupunkia sekä toimia puskuri- ja suojavyöhykkeenä eri toimintojen ja korttelien välillä. Yksittäisen kadun funktio riippuu niin sen liikenteellisestä asemasta katuverkosta kuin maankäytöstä sen ympäristössä (Helsinki 2014). Kadun toiminnallisesta luokituksesta voidaan osaltaan arvioida mm. liikennemääriä ja tarvittavia rakennekerroksia (tiessä) ja kadussa.

Kadun rakentamiskustannuksista

Kivinen (2017) on opinnäytetyössään tarkastellut viittä asemakaava-aluetta ja selventänyt sitä, mistä kustannukset ovat koostuneet eri kaava-alueilla ja mitä kustannuksia laskelmissa on otettu huomioon. *Laskennoissa pääpaino oli kadun ja vesihuollon kustannuksissa, mutta myös kaukolämmön kustannuksia on vertailtu.* Kohdekaupunkina on ollut Kuopio. Toteutuneitten kustannusten arviointi etukäteen on vaikeaa, ja työn perusteella voidaan sanoa, että yleis- ja asemakaavavaiheiden hinta-arviot olivat alakanttiin verrattuina toteutuneisiin kustannuksiin kyseisissä esimerkeissä. Mielestäni tarkastelu oli kuitenkin hyödyllinen ja havainnollistaa infrapuolen kustannuslaskentaa (taulukko 3). Lisäksi taulukosta selviää, ettei rakentaminen yleensäkään ole mitään "halpaa lystiä".

Tonttikadut	**yleiskaava**	**asemakaava**	**toteutunut**
Tonttikadut (€/m)		365,7	609,0
Tonttikadut (€/km)		365714,3	608957,8
Tonttikatujen VH (€/m)		680,6	427,5
Tonttikatujen VH (€/km)		680628,3	427451,1
Tonttikadut + VH yht (€/m)		1046,3	1036,4
Tonttikadut + VH yht (€/km)		1046342,6	1036408,9
Rautaniementie	**yleiskaava**	**asemakaava**	**toteutunut**
Katu (€/m)	500,0	625,0	822,1
Katu (€/km)	500000,0	625000,0	822088,8
Vesihuolto (€/m)	435,8	523,0	374,2
Vesihuolto (€/km)	435777,8	523009,5	374205,0
Katu + VH (€/m)	935,8	1148,0	1196,3
Katu + VH (€/km)	935777,8	1148009,5	1196293,8
Lehtoniementie	**yleiskaava**	**asemakaava**	**toteutunut**
Katu (€/m)	1082,7	1152,8	1072,2
Katu (€/km)	1082692,3	1152777,8	1072204,5
Vesihuolto (€/m)	435,8	523,0	240,4
Vesihuolto (€/km)	435769,2	523009,5	240354,5
Katu + VH (€/m)	1518,5	1675,8	1312,6
Katu + VH (€/km)	1518461,5	1675787,3	1312559,1
Kaukolämpö	**yleiskaava**	**asemakaava**	**toteutunut**
Kaukolämpö (€/m)		122,0	105,3
Kaukolämpö (€/km)		122020,1	105260,0

Taulukko 3. Yksikköhintojen vertailu Peikkometsän alueella (Kivinen 2017).

Osaltaan kustannuseroja selittävät mm. erilaiset maanleikkauksen ja kallion irrotuksen, kuormauksen ja kuljetuksen osuudet; pintamaan poiston tarpeen suuruus; katujen erilaiset vesihuollon kustannukset; sekä mahdollinen kanaalikaivu ja –louhinta. Toki kustannuksia tulee lisäksi mm. vihertöistä, valaistuksesta, kevyen liikenteen väylistä, "operaattorien kaapeleista" ja katualueen varauksista (esim. linja-autopysäkit ja kääntöpaikat, tonttiliittymät).

Maarakennuksen tilavuuskäsitteistä

Löyhtyminen ja tiivistyminen ovat ilmiöitä, joita täytyy tarkastella eniten maansiirtojen yhteydessä, kun seurataan massojen tilavuuksia maarakennustöiden eri vaiheissa (mm. Jääskeläinen 2010). Maarakennustöissä on tarkoituksenmukaista määritellä joitakin tilavuuskäsitteitä, sillä esimerkiksi maassa olevan maa-aineksen ja saman aineksen tilavuus lavalla kuormattuna eivät ole samoja. Tätä asiaa on havainnollistettu *liitteessä 1 "Tilavuuskäsitteet ja massakertoimet"*. Kuljetuskustannuksiin vaikuttaa lisäksi mm. mahdollisen raaka-aineen saantipaikka (sijainti) ja hinta, läjitysalue tai muu mahdollisuus hyödyntää esim. kaivettu maa-aines (tai jopa myydä se), vuodenaika, kuljetusväylien leveys ja muu liikenne.

Seuraavana muutama esimerkki "massa- ja tilavuuslaskuista" (Jokipii 2012):

Tehtävä 1.

KUINKA PALJON MAATA TULEE KAIVANNOSTA JONKA SYVYYS ON 3,0 m, POHJAN LEVEYS 2,4 m, PITUUS 2,3 KM JA LUISKIEN KALTEVUUS 1:1
MYÖS OIKEA TILAVUUSKÄSITE

kaivannon pinta-ala: 3*2,4 +3*3 = 16,2m2 → tilavuus 2300 m * 16,2 m2 = <u>37 260 m^{3}ktr</u>

Tehtävä 2.

KUINKA PITKÄSTI PENGERTÄ VOIDAAN RAKENTAA 725 KUORMASTA (YKSI KUORMA ON 12 m^{3}itd) KUN PENKEREEN POIKKI LEIKKAUSALA ON 49 M^2 JA K2 = 0,80

725*12 = 8700 m^{3}itd → 8700 * 0,8 = 6960m^{3}rdt →6960 : 49 →142,04 metriä → <u>142 m</u>

Tehtävä 3.

MAASTA OTETAAN 6200 M^{3}KTR SORAA. MIKÄ ON TILAVUUS AUTON LAVALLA? KUINKA MONTA KUORMA-AUTOLLISTA TAVARAA TULEE (YHTEEN KUORMAAN MAHTUU 9 TN SORAA). MIKÄ ON KYSEISEN MAA-AINEKSEN M^{3}RTR?

6200 * 1,3 = 8060 m^{3}itd ; (hieno sora)1,6 * 8060 =12 896 tonnia → 12 896 : 9 = 1432,89 = <u>1433 kuormaa</u> ; 8060 * 0,7 = 5642 m^{3}rtr

Kalustokustannukset

Rakentamisessa syntyy myös aina kalustokustannuksia, sillä koneet ja ´työ´ eivät ole ilmaisia. Myös yksittäinen rakentaja saattaa yllättyä jo esimerkiksi kaivinkoneen ja kuorma-auton tuntivuokra -hinnassa. Lisäksi "tehokasta, optimaalista työsuoritusta" on todellisuudessa mahdotonta saavuttaa (tauot, huollot, ajomatkat, kelin ja kaivumaan vaikutus). Edelliseen liittyvät myös käsitteet *peruskapasiteetti K1 (liki teoreettinen käsite, koneen ihanneoloissa saavutettu tulos), menetelmäkapasiteetti K2, työvuorokapasiteetti K3 ja Työvuorokapasiteetti K4* (aihepiiristä enemmän mm. Jääskeläinen 2010). *Liitteessä 2* on havainnollistettu "Työkoneen kustannuksia".

3.5 RAUTATIET

Suomen rataverkon tunnusomaisia piirteitä ovat leveä raideleveys 1524 mm, yksiraiteisen rataverkon suuri osuus (yli 89 %) ja *lähes kaikkien ratojen sekakäyttömahdollisuus matkustaja- ja tavaraliikenteen kesken*. Rataverkollamme on neljä raja-asemaa Venäjälle ja yksi Ruotsiin. Rautatiet ovat tehokkaimmillaan suurten massojen säännöllisissä kuljetuksissa (logistiikan maailma 2020).

Suomen kuljetusjärjestelmässä rautateille parhaiten sopivia virtoja ovat raskaan metsä- ja metalliteollisuuden vientikuljetukset tuotantolaitoksilta satamiin sekä Venäjältä saapuvat ja Suomen läpi kulkevat metalli- ja kemianteollisuuden *transitokuljetukset*. Näiden lisäksi rautateillä kulkee runsaasti metsä-, metalli- ja kemianteollisuuden *raaka-ainekuljetuksia* (logistiikan maailma 2020).

Kuva 8. Rautateiden pääväylät. (Väylävirasto 2020)

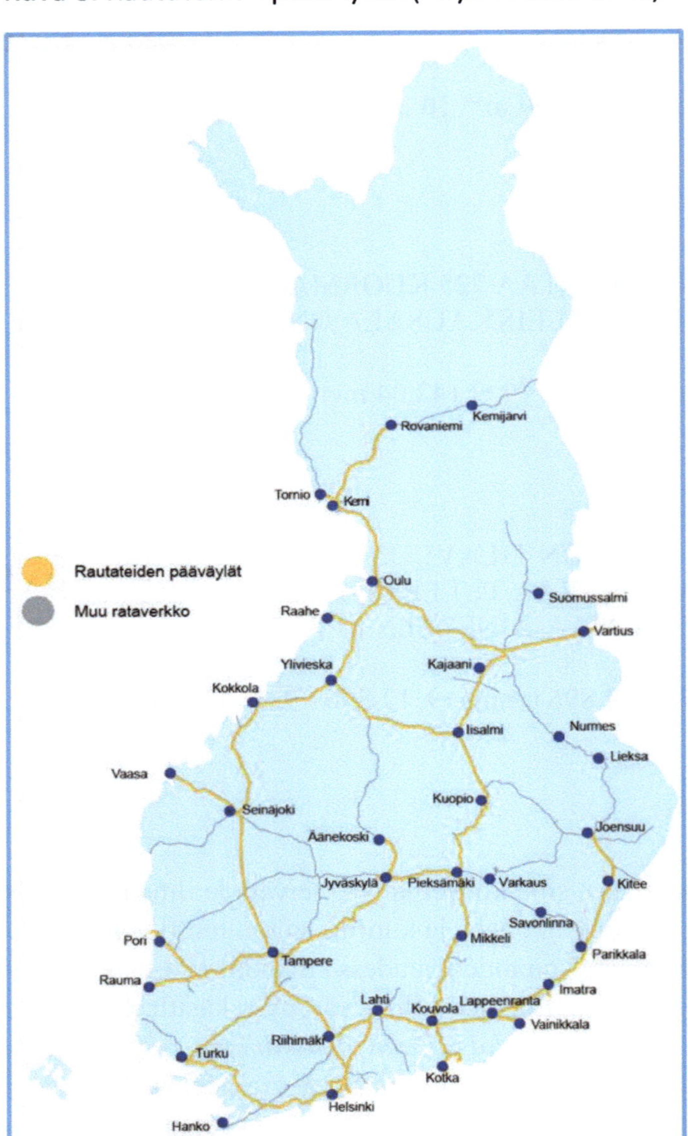

Rautatiekuljetuksissa kuljetusten tonnimäärät ovat usein hyvinkin massiivisia (kuva 9). Esimerkiksi tieliikenteessä ilmoitettaessa suoritekilometreinä luvut myös hyvin suuria, mutta kuljetuskapasiteetti esimerkiksi rekalla (tonni km) on aivan toista kuin rautatieliikenteen vastaava. Toisaalta "pyöräkuljetukset" ovat rautatiekuljetuksia joustavampia, kun ei tarvita samalla tapaa yhtä ehdotonta harvaverkkoista reittiä. On siis erotettava käsitteet ´tonni km´ sekä ´kuljetettu tonnimäärä´.

kuva 9. Tavaraliikenteen kuljetusvirrat vuonna 2019. Yhteensä 38,5 miljoonaa tonnia ja 10,270 mrd tonni km (Väylävirasto 2020a, H. Lahelma)

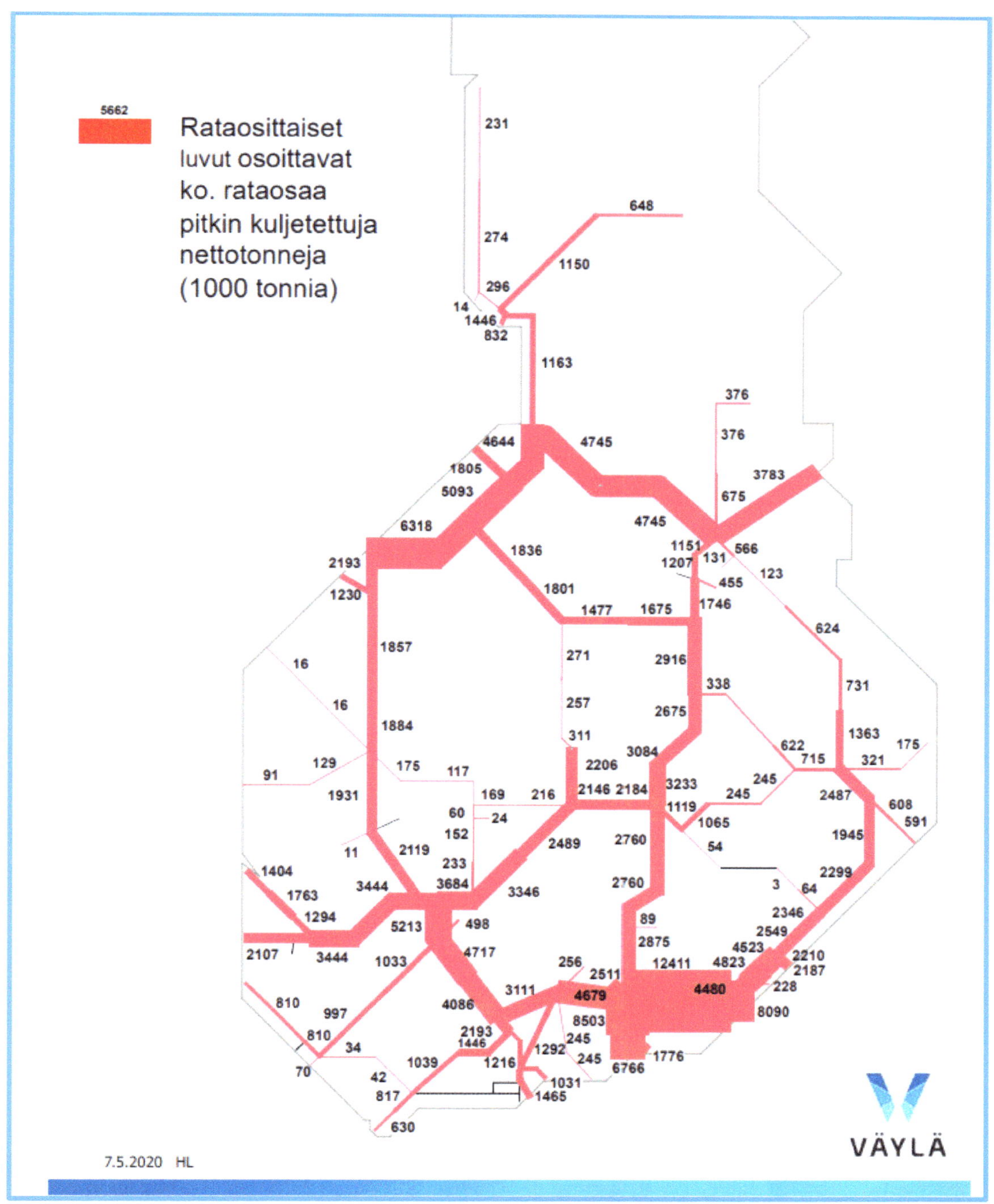

Rautateiden henkilöliikenteen matkustajamäärä on kasvanut lähes joka vuosi 2000-luvulla. Matkustajamääriä on kasvattanut etenkin uusien rataosuuksien avaaminen. Suuri osa matkustajamäärien kasvusta on tullut pääkaupunkiseudun lähiliikenteen kasvusta (Liikennefakta 2020). Lähiliikenne koostuu HSL:n tilaamasta liikenteestä linjoilla Y, U, L, E, A, I, P ja K sekä VR:n ja HSL:n yhteisestä liikenteestä linjoilla R, T, D ja Z (VR 2020). Matkoista 84 prosenttia tehtiin lähiliikenteessä ja 16 prosenttia kaukoliikenteen junissa. Lähiliikenteen matkamäärät kasvoivat 5 prosenttia ja kaukoliikenteen 10 prosenttia vuonna 2019 (Tilastokeskus 2020). Vuosi 2020 on ollut poikkeus kaikissa matkustusmuodoissa, eikä se vastaa mitenkään normaalia tilannetta koronan ja siihen liittyvien rajoitusten vuoksi.

Kuva 10. Kaukoliikenteen matkat vuonna 2019. (Väylävirasto 2020, H. Lahelma)

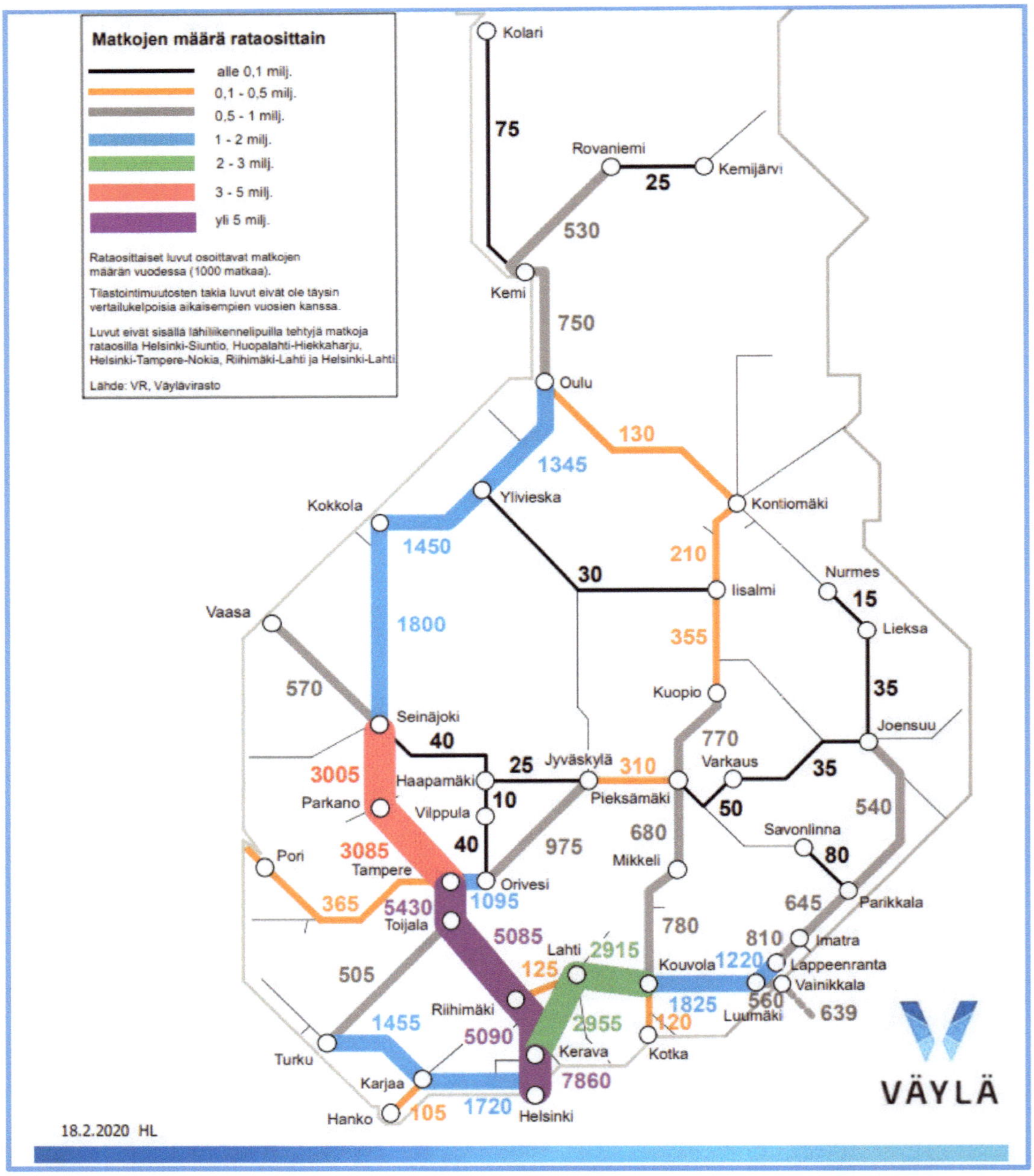

Raitiovaunuliikenne Helsingissä

Raitioliikenne on kiinteän infrastruktuurin ja kalliiden ja pitkäikäisten vaunujen takia pääomapainotteista. Kustannustehokas liikenne edellyttää selvästi busseja suurempaa vaunukokoa, vaunujen sujuvaa kulkua ja mahdollisimman tasaista ja suurta liikenteen kysyntää (Helsinki 2014).

Nykyinen raitiotieverkko (Helsingissä) sijaitsee pääosin kantakaupungin kilpailluimmassa katutilassa ja paikoitellen epätarkoituksenmukaisen kapeilla kaduilla. Raitioliikenteen kannalta tavoitteena on sujuvoittaa kulkua ja vähentää häiriöitä olennaisesti myös nykyisellä verkolla, mutta useimmat ratkaisut joudutaan suunnittelemaan erikoistapauksina (Helsinki). Sinänsä Helsingin ohella Suomessa on ollut aikanaan raitiovaunuliikennettä myös Turussa ja Viipurissa.

Nykyisten raitiovaunujen suurin korin leveys on 2,4 metriä ja vaunun pituus 27,6 metriä. Jatkossa suunnittelussa on syytä varautua 30 metrin pituisiin vaunuihin. Raide-Jokeri ja muut seudulliset pikaraitiotiet on toistaiseksi suunniteltu varautuen 2,65 metriä leveisiin vaunuihin korkeintaan 2x30 = 60 metrin junina. Pikaraitioteillä on tämän takia suuremmat vähimmäismitat kuin "perinteisillä" raitioteillä. Muilta osin suunnittelun lähtökohtana tulee kaikilla raitioteillä olla yhtä laadukas lopputulos (Helsinki 2014).

Perustietoa metrosta:

Metrolinja ulottuu Helsingin itäisistä kaupunginosista Espoon Matinkylään. Metro liikennöi kahdella linjalla: Matinkylä–Vuosaari ja Tapiola–Mellunmäki. Matka-aika Matinkylän ja Vuosaaren välillä on 39 minuuttia. Matka-aika Tapiolan ja Mellunmäen välillä on 34 minuuttia. Tapiola–Itäkeskus vuoroväli ruuhka-aikaan on 2,5 minuuttia ja muulloin 3–5 minuuttia.

Metrossa on 25 asemaa.

Länsimetron jatke Matinkylästä Kivenlahteen on rakenteilla ja tekeillä on uudet asemat: Finnoo, Kaitaa, Soukka, Espoonlahti ja Kivenlahti. Metron liikennöinnistä ja vaunukaluston kunnossapidosta vastaa Helsingin kaupungin liikenneliikelaitos (HKL). Metroliikenteen suunnittelee ja tilaa Helsingin seudun liikenne (HSL).(Tilanne 2021)

Pikaratikat: uusi liikennemuoto nykyisen ratikan ja metron välimaastossa

Pikaratikat ovat kokonaan uusi liikennemuoto Helsingin seudulla. Ensimmäisenä niitä nähdään liikenteessä Itäkeskuksen ja Keilaniemen välisellä linjalla 550, jonka rataa parhaillaan rakennetaan Raide-Jokeri-hankkeessa. Lisäksi pikaratikat ajavat tulevaisuudessa Laajasaloon uusia Kruunusiltoja pitkin. Pikaratikkayhteyksiä on suunnitteilla myös Vihdintielle, Viikin ja Malmin suuntaan, Tuusulan bulevardille ja Vantaalle (HSL 2022)

Teknisesti pikaratikat eivät poikkea tavallisista raitiovaunuista. Samoja rataosuuksia voivat käyttää niin pikaratikat kuin kaupunkiratikatkin, ja näin myös tapahtuu kantakaupungissa. Pikaratikkalinjat kuitenkin suunnitellaan nopeammiksi: ne kulkevat omilla kaistoillaan ja niiden pysäkkiväli on hieman nykyisiä ratikoita harvempi. Itse vaunut ovat nykyisiä kaupunkiraitiovaunuja pidempiä, minkä myötä niihin mahtuu enemmän matkustajia. Pikaratikka on siis ”jotakin”, joka sijaitsee kaupunkiraitiovaunun ja metron välimaastossa. (HSL 2022)

Tampereen raitiotie

Raitiotien osa 1 toteutettiin vuosina 2017-2021. Ensimmäinen osa sisältää raitiotien radat ja pysäkit Pyynikintorilta itään Hervantajärvelle ja yliopistolliselta sairaalalta Hatapään valtatielle Sorin aukiolle Lisäksi on rakennettu varikko Hervantaan. (Raitiotiealianssi 2022)

Vuonna 2021 liikennöinnin alkaessa Tampereella on 19 raitiovaunua. Ratikalla matkustamista Tampereella päästään kokeilemaan ensi keväänä, kun avoin koeliikenne käynnistyy 1.4.2021. Varsinainen aikataulujen mukainen liikennöinti alkaa 9.8.2021 (Tampereen ratikka 2020).

Raitiotien osa 2 sisältää Osuuden Pyynikintorilta Lentävänniemeen Santalahden, Hiedanrannan ja Niemenrannan alueiden kautta. Edellä mainittu osa on suunniteltu rakennettavaksi vaiheittan siten, etttä osuus Pyynikintori-Santalahti on valmis ja liikenne voidaan aloittaa vuonna 2023 (Raitiotiealianssi 2022)

Kuva 11. Pirkanmaan maakuntakaavan liikennejärjestelmä 2040.

(Lähde: Tampere, Pirkkala, Kangasala, Ylöjärvi 2022)

3.6 VESILIIKENNE

Suomessa on yleisiä kulkuväyliä noin 20 150 km. Niistä noin 16 000 km on valtion väyliä, joiden ylläpidosta vastaa Väylävirasto. Muiden tahojen ylläpitämiä väyliä on noin 4100 km. Väylänpitäjiä on Suomessa yhteensä noin 250. Yleiset väylät on Suomessa jaettu kuuteen väyläluokkaan. (Traficom 2020a).

Kuva 12. Suomen tärkeimmät vesitiet.

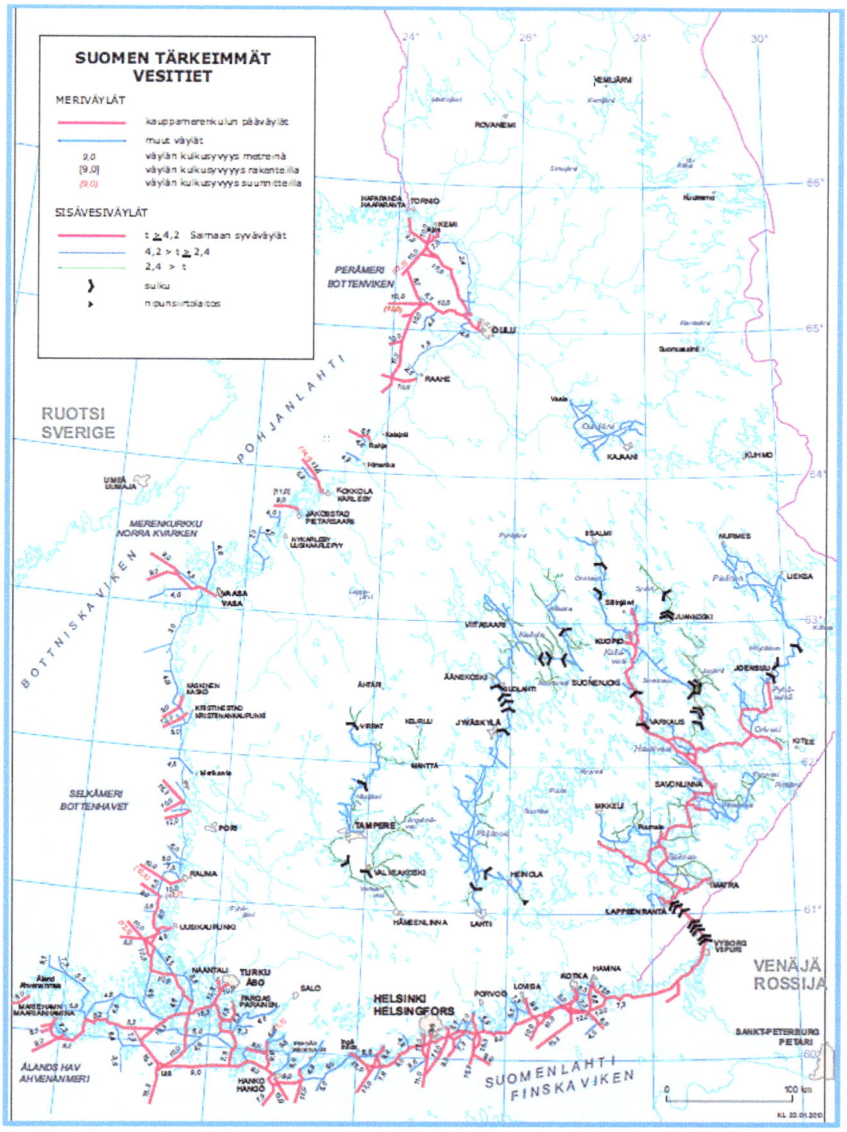

Vesilain mukainen jaottelu

Vesilaki (587/2011) jakaa vesiväylät yleisiin kulkuväyliin ja yksityisiin kulkuväyliin. Yleiset kulkuväylät jakautuvat edelleen Väyläviraston ylläpitämiin julkisiin kulkuväyliin ja muiden tahojen ylläpitämiin yleisiin paikallisväyliin.

Vesilain mukainen väyläjaottelu:

- *yleiset kulkuväylät*

- julkiset kulkuväylät (Väylävirasto)
-
- yleiset paikallisväylät (muut tahot)

- *yksityiset kulkuväylät*

Vesiväyläluokituksen perusluokitus

Perusluokitus kattaa kaikki yleiset kulkuväylät. Väylästö on jaettu kahteen pääryhmään:

kauppamerenkulun väylät ja matalaväylät. Nämä on jaettu edelleen kuuteen väyläluokkaan (VL1 – VL6):

Kauppamerenkulun väylät:

VL 1 Kauppamerenkulun pääväylät

VL 2 Kauppamerenkulun 2-luokan väylät

Matalaväylät:

VL 3 Hyötyliikenteen matalaväylät

VL 4 Veneilyn runkoväylät

VL 5 Paikallisveneväylät

VL 6 Venereitit

Väyläluokka määräytyy ensisijaisesti sen mukaan, mitä liikennettä varten väylä on rakennettu eli minkälaista vesiliikennettä väylän on tarkoitettu ensisijaisesti palvelevan. Väyläluokkien 1 ja 2 väylät on rakennettu ensisijaisesti kauppamerenkulkua silmällä pitäen.

Väyläluokan 3 väylät on rakennettu ensisijaisesti muuta hyötyliikennettä kuin kauppamerenkulkua varten. Tällaista liikennettä on muun muassa yhteysalusliikenne, uitto, pienimuotoinen matkustaja-alusliikenne, kalastus ja viranomaiskäyttö. Väyläluokkien 4-6 väylät on rakennettu veneilyn tarpeita varten. Veneilyn runkoväylät muodostavat veneilyn pääväylästön, jota täydentää veneilyn paikallisväylät. Venereitit ovat oma luokkansa, ja ne poikkeavat muista väylistä siinä, että niiden syvyydestä ja syvyystiedoista ei ylläpitäjä vastaa samalla tavalla kuin väylien syvyyksistä (Traficom 2020c).

Lisäksi luokituksia tehdään palvelutason ja ylläpidon kannalta tarkasteltuna.

Väylävirasto huolehtii valtion väylien ylläpidosta. Väyläviraston ylläpitämiä kauppamerenkulun väyliä on yhteensä noin 3 900 km ja muun vesiliikenteen väyliä noin 12 300 km eli yhteensä noin 16 300 km. Väyläviraston ylläpidossa merenkulun turvalaitteita (majakoita, loistoja, viittoja, linjatauluja jne.) on yhteensä noin 25 000 kpl.

Väyläviraston ylläpitämien vesiväylien lisäksi Suomen vesialueilla on noin 3 900 km muiden väylänpitäjien ylläpitämiä vesiväyliä. Näillä on noin 9 000 merenkulun turvalaitetta. Muita ylläpitäjiä voivat olla satamaosakeyhtiöt, kunnat, Ahvenanmaan maakuntahallitus sekä yksittäiset yritykset ja yhdistykset. Yleisten kulkuväylien määrät vuonna 2019 on esitetty taulukossa 1.

		Kauppamerenkulun väylät	**Muun vesiliikenteen väylät**	**Yhteensä**
Rannikko	Väylävirasto	3235	5103	8338
	Muut	181	1899	2080
	Yhteensä	3416	7002	10418
Sisävedet	Väylävirasto	753	7247	8000
	Muut	8	1805	1813
	Yhteensä	761	9052	9813
Kaikki	Väylävirasto	3988	12350	16338
	Muut	189	3704	3893
Yhteensä		**4177**	**16054**	**20231**

Taulukko 1. Yleisten kulkuväylien määrät vuonna 2019 (km).

Kauppalaivasto

Suomessa rekisteröity kauppalaivasto käsitti vuoden 2017 lopussa yhteensä 1 241 alusta. Alusten määrä vähentyi edellisvuodesta 20 aluksella. Kauppalaivaston bruttovetoisuus oli vuoden 2017 lopussa 1 760 587 ja nettovetoisuus 718 089. Bruttovetoisuus väheni vuoteen 2016 nähden 4,4 %, kun taas nettovetoisuus väheni 2,9 % (liikennefakta 2020).

Matkustaja-aluksia varsinaisesta kauppalaivastosta (pituus tasan 15 metriä tai yli) oli vuoden 2017 lopussa 255 alusta, erilaisia lasti- ja säiliöaluksia 154 ja muita aluksia 277. Muut alukset kattavat mm. hinaajat, jäänmurtajat, työntöproomut, kalastusalukset sekä hallinnolliset alukset (liikennefakta 2020).

3.7 ILMALIIKENNE

Suomessa on 21 Finavian lentoasemaa, jotka takaavat yhteydet kotimaahan ja maailmalle. Lentoliikenne työllistää suoraan tai välillisesti yli 100 000 ihmistä. Lentoliikenteen osuus Suomen bruttokansantuotteesta on 3,2 %. ja ilmailuala maksaa valtion kassaan suorina tai välillisinä veroina 2,5 miljardia euroa. Suomen lentoliikenteessä kulkee vuosittain noin 25 miljoonaa matkustajaa. Globaali lentoliikenne aiheuttaa 2-3 % kaikista ihmisen aiheuttamista hiilidioksidipäästöistä. (Finavia 2020).

Kuva 13. Suomen lentokentät (Finavia 2020).

Elinkeinoelämää toimialoittain tarkastellen varsinaisen ilmaliikenteen toimintoihin lukeutuvat seuraavat toimialat (Ympäristöministeriö 2009):

- lentoyhtiöt
- matkatoimistot
- rahtitoimistot
- lentokenttäoperaattori
- lentokenttäpalvelut ja -käsittely
- ilmaliikenteen valvonta,
- lentokoulutus
- koneen vuokraus ym.
- ilma-alusten valmistus ja korjaus

Muut lentokenttään liittyvät toiminnot kattavat ne alat, jotka käyttävät lentokentän infrastruktuuria ja/tai toimivat sen alueella täydentäen ilmaliikenteen toimintaa. Tällaisia ovat:

- matkustajien maakuljetus
- rahdin käsittely ja varastointi
- rahdin maakuljetus
- lähetti- ja postipalvelut
- julkiset palvelut (tulli ym.)
- turvallisuus ja siivous
- kauppa
- hotellit
- ravintolat ja catering
- muut palvelut ja toimialat, jotka toimivat kentän alueella. (Uudenmaan liitto 2017).

Ilma-alukset (kalusto)

Suomessa oli vuoden 2019 alussa rekisteröity yhteensä 1474 ilma-alusta. Nämä jakautuvat seuraavasti: 88 liikennelentokonetta, 587 lentokonetta, 340 purje- ja moottoripurjekonetta, 100 helikopteria ja autogiroa, 310 ultrakevyttä lentokonetta ja 40 ilmaa kevyempää ilma-alusta (liikennefakta 2020).

4. VESIRAKENNUS JA -HUOLTO

4.1 YLEISTÄ

Vanha jaottelu tie- ja vesirakennus

Suomessa on vesijohtoverkostoja 100 000 kilometriä, josta arviolta 6 000 kilometriä on erittäin huonossa kunnossa. Viemäriverkostoja on 50 000 kilometriä, ja niistäkin noin 6 000 kilometriä on erittäin huonossa kunnossa.

Saneerauksiin tarvitaan tulevan 10 vuoden ajan arviolta 320 miljoonaa euroa vuodessa – yli tuplasti enemmän kuin tähän asti on käytetty.

Vesien käyttömuodot

Vesien käyttömuodot jaetaan seuraavasti:

Veden käyttö

- yhdyskuntien vesihuolto
- teollisuuden vesihuolto
- kastelu

Vesistöjen käyttö

- vesivoima
- vesiliikenne
- kalastus
- virkistyskäyttö

Näiden käyttömuotojen tavoitteiden välillä vallitsee usein ristiriita. Ensisijaisena pidetään yleensä yhdyskunnan vedensaannin varmistamista pitkällä tähtäyksellä.

4.2 VESIRAKENNUS

Yleistä

Vesien käyttö ja hoito tarkoittaa vesivaroihin kohdistuvien toimintojen kokonaisvaltaista suunnittelua (vesien eri käyttömuodot, haittavaikutusten torjunta ja vesien suojelu).

Vesienkäyttömuodot voidaan jakaa seuraavasti (ks. myös vesihuoltoa käsittelevä seuraava luku):

- vedenhankinta
- vesistöjen kuormitus ja vesien suojelu
- vesiliikenne
- vesivoima
- uitto
- kalatalous
- vesien virkistyskäyttö
- tulvasuojelu, kastelu ja maan kuivatus
- vesiluonnon ja maiseman suojelu ja hoito (mm. Hoikkala 2005)

Vesirakenteita ovat:

- vesitiet
- satamarakenteet - rantarakenteet (rantamuurit ja rakennetut luiskat)
- padot
- vesivoimalaitokset
- kuivatus- ja kastelurakenteet
- vesistöjärjestelyjen edellyttämät rakenteet
- uittorakenteet
- arktiset vesirakenteet

Vesiteitä ovat:

väylät

- luonnonväylä
- ruopattu väylä

kanavat

- avokanava
- sulkukanava

Vesirakentamisen rakenteiden tarkastelua

Vesirakentaminen tarkoittaa vesistöön kohdistuvaa rakentamistoimintaa. *Vesirakentamista ovat esimerkiksi ruoppaus, uomien kaivu, pengerrys ja patoaminen.* Vesirakentamisella edistetään esimerkiksi vesistön käyttöä, tulvasuojelua tai maankuivatusta. Luonnonmukaisella vesirakentamisella parannetaan vesien hoitoa ja suojelua (vesi.fi 2020).

Satamarakenteet

Satama on liikennepaikka, jossa maa- ja vesikuljetukset voidaan liittää toisiinsa. Sen voi muodostaa pelkästään suojainen ankkuripaikka eli reti ja mahdollisuus redillä lastaukseen tai toisena äärimmäisyytenä täydellinen vesitse kulkevan tavaraliikenteen palvelualue. Usein satamaan liittyy teollisuutta, yleistä varastointia, maaliikenteen keskuksia ja muita sivutoimintoja (mm. Hoikkala 2005).

Investointikohteita voidaan jaotella satamanpitäjille ja –operaattoreille mm. seuraavin perustein (mm. Karvonen 2016). Apuna ko. jaottelussa on kyselytutkimuksen rakennejaottelu.

Satamanpitäjille investointikohteet oli jaettu seuraavasti:

- väylät ja satama-altaat (mm. ruoppaus- ja täyttötyöt satama-alueella)
- laiturit
- muut kiinteät rakenteet (esim. rampit)
- kentät, kadut, kunnallistekniikka (sis. satamaraiteet)
- rakennukset (varastot, terminaalit, toimistotilat)
- lastinkäsittelylaitteet (koneet, nosturit, kuljettimet, purkaimet yms.)
- turva- ja kulunvalvontajärjestelyt (aidat, portit, valvontakamerat, järjestelmät yms.)
- muut

Satamaoperaattoriyritysten investoinnit jaettiin seuraavasti:

-rakennukset (varastot, terminaalit, toimistotilat)

-lastinkäsittelylaitteet (koneet, nosturit, kuljettimet, purkaimet yms.)

-muut (mm. Karvonen 2016)

Sataman vesirakenteiden suunnittelussa pelkkä annettujen kuormitusten kantaminen ei ole riittävä tae hyvän rakenteen syntymiselle. Suunnittelussa on ennakoitava merenkulun ja maaliikenteen teknillistä kehitystä, sataman tulevaa rakentamista ja rakennustekniikan kehitystä. Sataman rakenteilta edellytetään noin 50 ...80 vuoden kestoikää ja satamatoiminta jatkuu usein samalla alueella vuosisatoja. Sataman erikoislaituria ei voi myydä pois kuten erikoisalusta, vaan satamalaite on kyettävä muokkaaman aikanaan uuteen käyttöön (Hoikkala 2005).

Satamarakenteiden toteutus vaatii raskasta erikoiskalustoa. Rakennustyön toteuttajilla, urakoitsijoilla tai sataman omistajilla on kullakin toisistaan poikkeavaa kalustoa. Satamien toteutussuunnittelussa tulee pyrkiä siihen, että ratkaisut voidaan toteuttaa taloudellisimmalla mahdollisella vaihtoehdolla käytettävissä olevaa kalustoa käyttäen (Hoikkala 2005).

Venesatamat ja -väylät

Venesatamalla tarkoitetaan yksityisessä käytössä oleville veneille tarkoitettua satamaa. Siinä on laitureiden lisäksi oltava mahdollisuus veneiden nostoon ja laskuun, vähäisiin kunnostuksiin, talvisäilytykseen, mastojen asennuksiin ja kevytveneiden käsittelyyn. Venesatama voi käyttötarkoituksen mukaan olla kotisatama, retkeily, vieras- tai luonnonsatama. Se voi myös toimia huolto- ja yhdysliikennettä palvelevana tai monikäyttösatamana. On myös huomattava, että veneväylä on virallinen, merkitty pienaluksille tarkoitettu väylä, jonka kulkusyvyys < 2,4 m- toisin sanoen väylän syvyys ei ole kovin suuri (vrt. esim. meriväylät) (mm. Hoikkala 2005). Venesatamien keskeisiä rakenteita ovat mm. erilaiset laiturirakenteet, aallonmurtajat ja luiskat. Laajemmin infrapuolta tarkastellen tähän liittyviä maa-aluerakenteita ovat myös huoltorakennukset ja –laiturit, pysäköintialueet, liittymät väyläverkkoon, veneiden vesillelasku- ja –ylösvetoalueet, virkistysalueet, talvisäilytyspaikat ja aitaukset yms. turvallisuuteen vaikuttavat seikat.

Vesitiet

Vesiväyliä ja niiden luokituksia olen käsitellyt jo aiemmin.

Padot ja niiden luokittelu

Patoturvallisuuslain (494/2009) mukaan pato sijoitetaan vahingonvaaran perusteella johonkin seuraavista luokista:

> 1-luokan pato, joka onnettomuuden sattuessa aiheuttaa vaaran ihmishengelle ja terveydelle taikka huomattavan vaaran ympäristölle tai omaisuudelle;
>
> 2-luokan pato, joka onnettomuuden sattuessa saattaa aiheuttaa vaaraa terveydelle taikka vähäistä suurempaa vaaraa ympäristölle tai omaisuudelle;
>
> 3-luokan pato, joka onnettomuuden sattuessa saattaa aiheuttaa vain vähäistä vaaraa.

Suomessa on 448 luokiteltua patoa (11/2019). Padot voidaan jakaa vesistö- ja jätepatoihin seuraavasti (ympäristö.fi 2020):

	1-luokka	2-luokka	3-luokka	Yhteensä
Vesistöpato	56	193	76	325
Jätepato	30	65	28	123
Yhteensä	86	258	104	448

Kaivosalueella sijaitsevia jätepatoja kutsutaan kaivospadoiksi. Jätepadoista kaivospatoja on yhteensä 73 ja niistä1-luokan kaivospatoja 27. Lisäksi Suomessa on rakenteilla olevia kaivospatoja.

Vesivoimalaitokset

Vesivoimalaitoksen putouksessa virtaavan veden liike-energia otetaan talteen, kun vesi virtaa alas kulkiessaan turbiinien läpi. Liike-energia muutetaan sähköksi generaattoreissa ja johdetaan edelleen muuntajan kautta sähköverkkoon kuluttajien käytettäväksi (motiva.fi 2020).

Vesivoimalan toiminta perustuu voimalan ylä- ja ala-altaan väliseen korkeuseroon. Vesiputous voi olla luonnollinen tai patojen ja vesiteiden avulla useista koskijaksoista yhdistetty. Putouskorkeudet vaihtelevat paljon laitoksen tehosta riippuen. Pienvesivoimalaitosten tyypillinen putouskorkeus on vain 2–6 metriä. Suomessa isojenkin voimalaitosten putouskorkeudet ovat tyypillisesti vain joitakin kymmeniä metrejä. Suurin putouskorkeus, 96 m, on Kemijärvellä sijaitsevassa Jumiskon maanalaisessa voimalaitoksessa (motiva.fi 2020).

Vesivoiman etuja ovat:

- helppo säädettävyys
- nopea käynnistys
- käyttökustannukset pienet
- häiriöalttius vähäinen
- päästöt ympäristöön vähäiset
- voimalat pitkäikäisiä (40...80 v) (mm. Hoikkala 2005)

Vesivoima on kotimainen, uusiutuva ja päästötön energiamuoto. Suomessa on vesivoimalaitoksia noin 250 kpl, ja Suomen koko vesivoimakapasiteetti on noin 3 190 MW.

Vesivoiman osuus on viime vuosina ollut noin 4 prosenttia Suomen koko energiantuotannosta ja 10–15 prosenttia sähköntuotannosta. Vuonna 2019 vesivoiman osuus Suomen sähkön tuotannosta oli 19 prosenttia. Sähköä vesivoimalla tuotettiin vuonna 2018 kaikkiaan 13 137 GWh (motiva.fi 2020).

Mahdollisuuksia vesivoiman lisärakentamiseen on Suomessa edelleen olemassa, vaikka suurimmat kohteet onkin jo pääosin rakennettu. Kokonaan uuden vesivoiman merkittävä lisärakentaminen on epätodennäköistä ympäristönsuojelun vuoksi (motiva.fi 2020).

4.3 VESIHUOLTO

Vesihuollolla tarkoitetaan yhdyskuntien ja teollisuuden vedenhankintaa ja jäteveden poisjohtamista kaikkine niiden tarvitsemine toimintoineen ja laitteineen. *Vesihuolto* alkaa raakavesilähteestä ja päättyy silloin, kun jätevedenpuhdistamolta tuleva liete on viety kaatopaikalle tai käytetty maaparannusaineeksi. Vesihuoltoon katsotaan Suomen lainsäädännössä myös *hulevesien eli sade- ja sulamisvesien keräily, käsittely ja poisjohtaminen purkuvesistöön*, vaikka edellä mainitut eivät siihen teknisesti kuulukaan. Vesihuoltohankkeen toteuttaminen vaatii onnistuakseen laajaa luonnontieteellistä taustatietoa ja teknistä osaamista (RIL 124-1 Vesihuolto I, 2003).

Vesihuoltoon liittyy eräänä keskeisenä käsitteenä *hydrologia*. Sillä tarkoitetaan "veden kiertoa luonnossa" (sadanta, haihdunta, valunta, imeytyminen). Vesihuoltotekniikan tärkein tarvittava suure on *valunta*. Se kuvaa sitä, miten paljon maahan sataneesta vedestä valuu maanpintaa pitkin tai pohjavetenä vesistöihin. *Valunnan määriin vaikuttaa luonnollisesti myös sadanta ja haihdunta* (RIL 124-1 Vesihuolto I, 2003).

Vesihuoltoon kuuluvat:

Vesilaitos

- veden hankinta
- käsittely
- jakelu

Viemärilaitos

- jätevesien kerääminen
- käsittely
- poisjohtaminen (mm. Hoikkala 2005)

Veden käyttö ja sen merkitys

Vettä käytetään yhdyskunnassa moniin kohteisiin. Tärkeimpiä aloja (kohteita) niistä ovat juomavesi, ruuan valmistus, lämmityslaitteet, kylvyt, uimalat, puistojen ja nurmikkojen kastelu, höyryvoimalaitokset, katujen pesu, teollisuusprosessit, palontorjunta sekä jätteiden poisto teollisuudesta ja kotitalouksista. On tärkeää huomata, että jokainen edellä mainittu toiminto vaikuttaa osaltaan enemmän tai vähemmän veden laatuun. Vedellä on ensiarvoisen tärkeä ja välitön merkitys terveydellisenä tekijänä (RIL 124-1 Vesihuolto I, 2003).

Yhdyskuntatoimintojen osatekijänä on vesi huomioitava kahdella tavalla. Ensiksi *vettä* on oltava *määrällisesti riittävästä*. Se ei kuitenkaan yksistään riitä, vaan *veden laadun on myös täytettävä sille asetettavat vaatimukset.*

Vesilaitos

Vesilaitokseen luetaan kuuluviksi kaikki laitteet ja rakenteet, jotka tarvitaan veden ottoon vesistöstä tai pohjavesiesiintymästä, veden siirtoon vesilähteeltä yhdyskunnan alueelle, veden käsittelyyn, varastointiin ja jakeluun. Voidaan myös sanoa, että *Vesilaitos alkaa* siitä, missä käyttöön otettava vesi joutuu ensimmäisen kerran pois luonnonympäristöstä (vedenottoputken siivilä, kaivo). *Vesilaitos päättyy* puolestaan kohdassa, missä vesi luovutetaan varsinaiselle käyttäjälle; kuten tontin rajalla tai tonttijohdon ja runkoputken liittymiskohdassa (mm. RIL 124-1 Vesihuolto I, 2003).

Veden yleiset laatuvaatimukset

Yleisen vesilaitoksen jakaman veden tulee olla aina ja kaikissa käyttötilanteissa miellyttävää käyttää ja terveudelle vaaratonta. Lisäksi veden tulee olla teknisessä suhteessa hyväksyttävää.

Yleiset laatuvaatimukset voidaan kiteyttää seuraavasti:

1. hygieeniset laatuvaatimukset täyttävä
2. esteettiset laatuvaatimukset täyttävä, sekä
3. tekniset laatuvaatimukset täyttävä (RIL 124-1 Vesihuolto I, 2003).

Veden laatu, käsittely ja siirto

Luonnonympäristöstä otettu vesi täyttää harvoin kaikki vesijohtovedelle asetetut vaatimukset. Tämän takia vesi on ennen jakeluverkkoon johtamista yleensä käsiteltävä. Vedenkäsittelytekniikan keinoin saadaan melko huonostakin raakavedestä lähes kaikki vaatimukset täyttävää johtovettä. Tosin kustannukset käsittelyprosesseissa voivat tulla tällöin kalliiksi.

Veden siirto- ja jakelujärjestelmät rakennetaan sellaisista materiaaleista, jotka eivät ko. käyttötilanteessa huononna veden laatua. Muutoksia veden laatuun voi aiheuttaa esimerkiksi veteen liukeneva sinkki tai rauta. Vedenhankinta- ja käsittelylaitteiden sekä jakeluverkon kapasiteetti määritetään yhdyskunnan asukasluvun ja ominaiskäytön avulla. Ominaiskäytöllä tarkoitetaan sitä vesimäärää, joka yhdyskunnassa vuorokaudessa keskimäärin käytetään per asukas. Mikäli vain mahdollista, vesilähteenä käytetään *pohjavettä.* Muita vedenlähteitä ovat *pintavesi ja tekopohjavesi* (RIL 124-1 Vesihuolto I, 2003). *Veden jakeluverkon kapasiteetin* määrittämisessä on otettava huomioon *talousveden käytön* lisäksi, *teollisuuskäyttö, yleinen käyttö (mm. kastelu, verkostojen huuhtelu, sammutus) ja putkistojen (mahdolliset) vuodot.*

Vesihuollon kustannukset

Vesihuoltolain mukaan vesihuoltojärjestelmän rakentamisesta ja käytöstä aiheutuvat kohtuulliset kustannukset voidaan periä järjestelmään liittyneiltä. Useimmat kunnalliset laitokset kuitenkin keräävät veronluonteisina maksuina suurempia vesimaksuja kuin laitoksesta syntyvät kustannukset edellyttäisivät. *Vesihuollon paradoksi* on, että vedenkulutuksen vähentyessä maksuja on korotettava, jotta suuremman kulutuksen mukaan tehdyt laitosinvestoinnit saadaan rahoitettua. Verkostoja joudutaan myös huuhtelemaan enemmän (ts. vettä lasketaan hukkaan), jotta virtaus olisi riittävä liian suuriksi alun perin mitoitetuissa putkistoissa (mm. Hoikkala 2005).

<u>*Viemärilaitos*</u>

Viemärilaitoksen tehtävä on kerätä ja johtaa pois 1) jätevedet (kotitalous- ja teollisuusjätevedet), 2) hulevedet (sadevedet) ja 3) perustusten kuivatusvedet sekä käsitellä ne vaarattomiksi ennen luontoon laskemista.

Viemärilaitos alkaa kohdasta, jossa tontilta tuleva taloviemäri yhtyy kunnan viemäriin ns. katuviemäriin. Se päättyy puolestaan kohtaan, jossa vedet lasketaan takaisin vesistöön.

Jätevesiä muodostuu pistemäisesti yhdyskuntien toiminnoissa, teollisuudessa ja maatalouden kiinteistöissä. *Pistemäisiä* jäteveden muodostumiskohteita ovat myös esim. kaatopaikat, turvetuotanto ja liukenevia yhdisteitä sisältävien materiaalien (esim. tuhkat) varastointialueet. Jätevesiä muodostuu myös *hajakuormituksena* ts. jätevettä / kuormitusta muodostuu laajoilla alueilla, lähinnä maa- ja metsätaloudessa. Hajakuormituksen yhteydessä ei useinkaan puhuta jätevesistä, mutta kyseessä on kuitenkin ihmisen toiminnoista aiheutuva kuormitus. Kuormitus voi olla lisääntynyttä orgaanisen aineen, ravinteiden tai metallien liikkumista veden mukana (mm. Hoikkala 2005).

Viemäriverkosto

Yhdyskunnan alueelta muodostuvat jätevedet voidaan jakaa pääryhmiin:

(1) kotitalouksista ja teollisuudesta kertyvä jätevesi

(2) sateesta muodostuva hulevesi, joka kerätään kaduilta

(3) lumen sulamisesta muodostuvat sulamisvedet

(4) viemäreihin tarkoituksella johdetut rakennusperustuksien salaojavedet ja tahattomasti kertyvä vuotovesi.

Taajamissa jätevesi johdetaan yleensä yleiseen *viemäriverkkoon*, jota pitkin se johdetaan puhdistamoon, josta puhdistettu vesi lasketaan vesistöön. *Viemäri* voi olla ***seka- tai erillisviemäröinti***. *Sekaviemäröinnissä* jätevedet ja hulevedet (kaduilta kerättävä sadevesi) kerätään samaan viemäriin ja samalle puhdistamolle. *Erillisviemäröinnissä* jäte- ja hulevedet kerätään eri viemäreihin, jolloin niitä voidaan hallita erikseen. Viemäreihin tulee viemärien kunnosta riippuen myös vuotovesiä ts. viemärit vuotavat sisäänpäin. Sekaviemäröinnissä ja runsaasti vuotavassa verkostossa puhdistamolle tulevan veden määrä kasvaa voimakkaasti sulamisvesien aikaan keväällä, mikä aiheuttaa puhdistamoilla ongelmia kapasiteetin riittävyydessä. Lisäksi sulamisvedet ovat kylmiä, mikä hidastaa biologisen prosessin toimintaa (mm. Hoikkala 2005).

Jäteveden puhdistus (esimerkkinä HSY, Pääkaupunkiseutu)

HSY:n kaksi *jätevedenpuhdistamoa,* Viikinmäessä Helsingissä ja Suomenojalla Espoossa, vastaavat jätevesien käsittelystä Pääkaupunkiseudulla. Lisäksi Espoon Blominmäkeen valmistuu uusi jätevedenpuhdistamo (2020). Blominmäen jätevedenpuhdistamo korvaa nykyisen Suomenojan jätevedenpuhdistamon vuonna 2022.

Jätevedenpuhdistuksessa tarvitaan mekaanisia, kemiallisia ja biologisia menetelmiä. Niiden avulla jätevedestä saadaan poistettua roskat sekä pääosa orgaanisesta aineesta, typestä ja fosforista. Jäteveden puhdistuksen sivutuotteena syntyy lietettä sekä biokaasua. Liete jatkojalostetaan mullaksi ja kaasu hyödynnetään energian lähteenä. Puhdistetut jätevedet johdetaan tunnelissa avomerelle (HSY 2020).

Kotitalouksien arkikäytössä syntyvien jätevesien lisäksi viemäreihin lasketaan myös *teollisuusjätevesiä* sekä muita poikkeavia jätevesiä. Näiden johtaminen viemäriin on luvanvaraista ja vaatii teollisuusjätevesisopimuksen.

Jätevedenpuhdistus on tärkeä osa rannikkovesien ja Itämeren suojelua, sillä puhdistettavaksi tuleva jätevesi sisältää runsaasti *fosfori- ja typpiravinteita,* jotka suoraan mereen johdettuna aiheuttaisivat voimakasta rehevöitymistä.

Jätevedenpuhdistukselle on asetettu rajoitteita sekä EU:n direktiiveissä että kansallisessa lainsäädännössä. Lisäksi jätevedenpuhdistamot ovat velvoitettuja täyttämään niille asetetut puhdistamokohtaiset ympäristöluvat, joiden toteutumista Uudenmaan ELY-keskus valvoo. (HSY 2020).

5. INSINÖÖRI- JA ERIKOISRAKENTEET

Yleistä

Erikoisrakenteita ovat esimerkiksi padot, kanavarakenteet, meluseinät, tukimuurit, tunnelit, korkeat kallioleikkaukset, laiturit, merimerkit, vesitornit ja mastot. Mahdollista on myös käsitellä sillat, tunnelit ja erikoisrakenteet omina alaosioinaan.

Sillat

***Silta** on rakenne, joka johtaa ajoneuvo-, juna-, henkilö-tai muun liikenteen esteen yli. Suomessa omaksutun käytännön mukaisesti sillaksi kutsutaan rakennetta, jonka vapaa-aukko on vähintään 2,00 m* (vrt. rumpu). *Väyläviraston* omistuksessa oli vuoden 2020 alussa 15079 tiesiltaa ja 2495 rautatieverkon siltaa. Varsinaisia siltoja puolestaan oli 11 784 kappaletta (Kaikki sillat, jotka eivät ole putkisiltoja).

Varsinaisten siltojen lukumäärä 1.1.2020 (kpl)

Käyttötarkoitus	Valtatie	Kantatie	Seututie	Yhdystie	Muu tie	Yhteensä
Alikulkukäytävä	1 065	316	507	305	23	**2 216**
Muu maasilta	15	2	6	7	1	**31**
Pehmeikkösilta	1					**1**
Raittisilta		2			303	**305**
Ramppisilta	90	14	6	1	2	**113**
Risteyssilta	1 000	176	209	188	167	**1 740**
Vesistösilta	1 033	454	1 326	3 824	91	**6 728**
Ylikulkukäytävä	6	3	1	1	143	**154**
Ylikulkusilta	148	43	107	193	5	**496**
Yhteensä	**3 358**	**1 010**	**2 162**	**4 519**	**735**	**11 784**

* Eroaa vuoden 2019 tilaston taulukointitavasta ja luvut eivät siksi suoraan verrattavissa.

(Lähde: Väylävirasto 2020b)

Siltoja voidaan jaotella mm. seuraavasti (mm. Ekholm 2020):

- *Putkisillat* (käyttö: vesistöissä sekä väylillä väylän alitukseen)
- *Laattasillat* (Teräsbetoniset laattasillat ovat kaikista siltatyypeistä yleisimpiä.)
- *Ristikkosillat* (Ristikkosilloissa kantavana rakenteena toimii ristikkopalkkirakenne.)
- *Palkkisillat* (Palkkisillat ovat keskipitkän jännevälin yleisin siltatyyppi Suomessa.)
- *Kaari-, holvi- ja langer -palkkisillat*
- *Riippusillat* (Riippusilloissa sillan kansi on ripustettu riippuköysiin pystytangoilla, josta kuormat kulkevat sillan pylonien kautta päätyankkureihin.)
- *Vinoköysisillat*
- *Erikoissillat* (avattavat sillat, kääntösillat läppäsillat ja nostosillat), sekä **Väliaikaiset sillat*

Kuva 14. Kuokkalan silta Jyväskylässä.

(https://pixabay.com/fi/photos/silta-valot-y%C3%B6-j%C3%A4rvi-suomi-1020643/)

Tunnelit

Suomessa *maanalaiset tilat ja tunnelit* voidaan louhia yleensä *kallioon*. Rikkonaiseen kallioon tai maahan voidaan rakentaa *betoni- tai terästunneleita*. Ulkomailla maaperään ja pehmeään kalkki- tai hiekkakivikallioon rakennetaan tunneleita poraus- ja lujitustekniikalla. Vesistöön tunneli voidaan rakentaa upottamalla tai tehdä kelluva tunnelirakenne. *Alikulkutunneleita* esimerkiksi kevyen liikenteen väylille voidaan rakentaa liikenneväylän sivussa ja asentaa paikalleen tunkkaustekniikalla (Hoikkala 2005).

Kalliotilat

Maan alle on mahdollista sijoittaa monenlaisia toimintoja, kuten pysäköintiä, liikenneasemia, logistiikkaa, konesaleja, myymälöitä, uimahalleja, urheilutiloja ja varastoja. Joskus sijainti maan alla tarjoaa erityistä etua – esimerkiksi parhaimmat väestönsuojat on sijoitettu kallioon. Tänä päivänä suojat suunnitellaan ensisijaisesti normaaliajan käyttöä varten ja ne varustetaan ja mitoitetaan asetusten mukaisilla rakenteilla ja laitteilla.(AFRY 2022)

Tunnelit ja maanalaiset tilat ovat myös välttämättömiä veden ja jätevesien prosessoinnissa sekä kuljetuksessa. Tekniset tunnelit mahdollistavat kaukolämmön ja -kylmän sekä sähkö- ja tiedonsiirtokaapeleiden suojatun ja pitkäikäisen sijoituspaikan. Kallioperä tarjoaa lisäksi turvallisen sijainnin ei-julkisille tiloille yhteiskunnan elintärkeiden toimintojen varmistamiseksi. (AFRY 2022)

(Muut) erikoisrakenteet

Pysäköintilaitokset

Lisätietoa pysäköintilaitosten käytännön suunnittelusta ja rakentamisesta löytyy mm. Helsingin kaupungin julkaisusta "Pysäköintilaitoksen suunnitteluohje" (Helsingin kaupunki 2022) sekä Rakennustiedon kortista "Pysäköintilaitokset RT 98-11237" (KH 91-00607, Infra 64-710166). Myös Henri Rauhala (2018) on tehnyt aihepiiriin liittyvän opinnäytetyön HAMK:iin (Hyvän pysäköintilaitoksen suunnittelu).

Tukimuurit

Nykyiset ahtaat rakennuspaikat ja tonttien isot korkoerot puoltavat tukimuurin käyttöä. Tukimuurilla tarkoitetaan muuria, joka estää rakennuspaikan eri tasoilla olevan maan valumisen. Ilman tukimuuria tontin korkoerot vaatisivat "pitkät luiskat", kun taas tukimuurin avulla suuret korkoerot voidaan toteuttaa lyhyellä matkalla. Näin saadaan tontilla kaikki mahdollinen pinta-ala käyttöön (Perustava 2022).

Portaat

Portaat ovat rakennelma, joita pitkin voi kävellä eri korkeudella olevalta tasolta toiselle. Portaat koostuvat kahdesta tai useammasta askelmasta, joiden tarkoituksena on jakaa suuri korkeusero useaksi pieneksi eroksi. Portaista voidaan esimerkiksi arkkitehtuurisista syistä tehdä hyvinkin monimuotoisia. Lisätietoa portaista löytyy mm. Ympäristöministerion asetuksista (turvallisuus, käyttö, mitoitus...).

Katulämmitys

Lämmityksen käyttö katu- ja liikennealueiden lumen poistossa sekä liukkaudentorjuntakeinona on yleistynyt erityisesti kaupunkikeskustojen kävelykatualueilla ja myös liikekeskusten piha- ja ulkoalueilla. Lämmitysjärjestelmän valinta riippuu käytettävissä olevista energialähteistä sekä rakenteellisista rajoituksista. Lämmönlähteitä voivat olla kaukolämpö, sähkö, lauhdelämpö, jätelämpö sekä maa-, kallio- tai vesistölämpö yhdistettynä lämpöpumppulaitokseen, (Sipilä et al. 2001). Katulämmitystä käytetään esimerkikiksi Jyväskylän kävelykadulla (vuodesta 1995) ja Helsingin keskustassa.

Padot

Padot voidaan ryhmitellä käyttötarkoituksen tai rakenteen mukaan. Suomen patokantaan sisältyy niin betonisia vesistöpatoja kuin matalia maapatojakin. Jokainen pato suunnitellaan yksilöllisesti sen mukaan, mitkä ovat paikalliset olot ja mitä padolta vaaditaan. Patojen koko vaihtelee pienistä pohjapadoista suuriin voimalaitospatoihin. (vesi.fi 2022)

Kaikkien patotyyppien suunnittelussa ja mitoituksessa lähtökohtana on *padon turvallisuus*. Tärkeitä mitoitusperiaatteita ovat muun muassa padon kuormitukset eri vedenkorkeuksilla ja käyttö- ja huoltotilanteissa. Erityisesti maapatoa rakennettaessa on otettava huomioon myös veden suotautuminen maapadon läpi; virheellinen suunnittelu voi johtaa sisäiseen eroosioon. (Vesi.fi 2022)

Kanavarakenteet

Kanava on keinotekoinen, vesiliikennettä tai veden johtamista varten rakennettu vesiuoma. Kanavat voidaan jaoitella esimerkiksi vesiliikennettä palveleviin kanaviin sekä veden johtamista varten rakennetut kanavat.

Meluseinät- ja vallit

Melusuojauksen yksinkertainen tarkoitus on vähentää melulle altistumista ja melusta aiheutuvaa haittaa. Melusuojauksia voi olla monenlaisia, esimerkiksi meluvalleja, meluseiniä ja melukaiteita. Melusuojauksen tyypin valintaan vaikuttavat monet seikat, mm. äänenvaimennustarve, vaikutus maisemaan, arkkitehtuurilliset syyt sekä käytettävissä oleva tila. (Väylävirasto 2022)

Laiturit

Laiturit jaotellaan yleensä käyttötarkoituksen ja rakennetyypin mukaan. Jaottelu ei ole aivan yksiselitteistä, sillä satamat ja laiturit palvelevat monesti useampaa käyttötarkoitusta ja on olemassa erilaisten rakennetyyppien yhdistelmiä. Toisaalta laituri voi olla kooltaan hyvinkin pieni. Laiturityypit jaotellaan sijainnin mukaan ranta-, pisto-, tihtaali- ja off-shore-laitureihin sekä aallonmurtajiin. (mm. Böös 2010)

Merimerkit

Vesillä turvallinen liikkuminen tapahtuu merkittyjä veneväyliä pitkin. Veneväylien merkitsemiseen merikartalla ja luonnossa käytetään erilaisia merimerkkejä. Väylien reunat ja esimerkiksi väylien läheisyydessä olevat matalikot on merkitty eri värisillä ja -muotoisilla viitoilla. Linjamerkit, tai ehkä tutummin linjataulut, osoittavat väylälinjan tarkan sijainnin. (Skipperi 2022)

Kummelit ja majakat merellä

- Luonnossa kummeli on esimerkiksi valkeaksi maalattu kivikasa. Kummeli voi olla myös rakenteeltaan puuta tai metallia. Jos merikortilla kummelimerkintään liittyy kirjain tai numero, näkyy sama merkintä myös rannasta löytyvästä kummelista.
- Tunnusmajakat ovat rannalla puusta tai esim. kivestä rakennetuja huomattavan kokoisia majakanomaisia rakennelmia. Nämä eivät kuitenkaan ole valaistuja ja niiden merkintä merikortilla eroaakin majakoista ja muista ”loistoista”.
- Molemmat ovat tarkoitettu helpottamaan sijainnin hahmottamista, sillä pelkistä saarista tämä on haastavaa. (Skipperi 2022)

Mastot

Masto on tukirakenne, jonka avulla esimerkiksi antenni voidaan saada korkeammalle (radiomasto, antennimasto). Mastoissa voi olla muun muassa radio- ja TV-lähetinantenneja, radiopuhelintukiasemien antenneja, lasersädelinkkejä ja muita langattomia optisia datansiirtolinkkejä ja parabolisia mikroaaltoantenni-tietoliikennelinkkejä. Radio- ja antennimastoja kutsutaan usein myös linkkimastoiksi, jos niitä käytetään tietoliikennelinkkien antennien asennuspaikkoina. Usein mastot ovat tuettu haruksilla. Linkkimastoissa on usein lentovaroitusvalot, jotta ne on helpompi huomata sumuisella ilmalla ja yöllä.

Mastoja käytetään myös valaisimien asentamiseen esimerkiksi urheilukentillä ja ulkovarastoalueilla (valomasto).

Vesitornit

Vesitorneja käytetään veden varastointiin, varmistamaan tarvittava verkostopaine ja tasaamaan paineen vaihteluita sekä takaamaan veden riittävyys huippukulutuksen aikana (Väisänen 2019).

Kuva 15. Kuokkalan vesitorni Jyväskylässä (kuva: T.Jokipii 2022)

6. TIETOVERKOT JA ENERGIAHUOLTO

Tietoliikenneverkot

Tietoliikenneverkko on laitteista ja niiden välisistä viestiyhteyksistä koostuva verkko, jota käytetään informaation välittämiseen. Tässä yhteydessä esitellään kaapeliverkot, mastot ja muut järjestelmät (tie- ja katuliikenne, rautatieliikenne, vesiliikenne, lentoliikenne). Pääpainona on näin ollen infran rakenteet (fyysinen rakenne vs. virtuaalisuus), eikä esimerkiksi yritysten sisäistä tietoliikenneverkkoa.

Kaapeliverkot

Vaikka langaton tiedonsiirto ja sen kapasiteetti kehittyvät koko ajan, on kaapeleihin perustuva tiedonsiirto runkoyhteyksissä yhä elinvoimainen. Valokuitukaapeleilla toteutettu verkkoyhteys on toimiva ratkaisu sekä kustannuksiltaan että kapasiteetiltaan.

Tietoliikenne on kasvanut räjähdysmäisesti erityisesti parinkymmenen viimevuoden aikana. Katuun on perinteisesti sijoitettu vesi- ja jätehuoltoverkko, kaukolämpö ja sähkökaapelit. Lisäksi katualueella risteilee liikenteen ohjauksen, valaistuksen, valvontaan ja katulämmitykseen liittyviä kaapeleita (mm. Hoikkala 2005). On tarkoituksen mukaista, että jo kadun rakennusvaiheessa operaattorit (DNA, Elisa, Telia) ovat mukana hankesuunnittelussa ja käytännön toteutuksessa mukana. Tällöin esimerkiksi katuja tai muita infrarakenteista ei tarvitse moneen kertaan muokata/"kaivaa auki" tms. Esimerkiksi uudisrakennusalueilla mm. Helsingissä asennetaan operaattorien kaapeliverkot samalla, kun aluetta rakennetaan, ja operaattorit osallistuvat tietyllä jyvitetyllä summalla infran rakennuskustannuksiin. Uudet rakenteet pyritään siis rakentamaan kerralla valmiiksi, ja yhteistyö eri toimijoiden välillä on hyvin tärkeää hankkeen eri vaiheissa (synenergia, taloudelliset säästöt ja tehokkuus).

Mastot

Mastoja käytetään langattomien viestiyhteyksien luontiin sekä TV- ja radiotoiminnan tarpeisiin.

Julkisen ulkotilan *mastot ja antennit* (kunnissa) voidaan sisällyttää määräyskokoelmaan esimerkiksi alla olevalla tavalla:

- *Mastot ja vastaavat tekniset pylväät on sijoitettava niin, etteivät ne riko tarpeettomasti maisemaa eivätkä aiheuta haittaa naapureille tai alueiden kunnossapidolle.*
- *Antennit ja muut vastaavat on pyrittävä sijoittamaan jo olemassa oleviin mastoihin tai kerrostalojen katoille.* (mm. Kuntaliitto 2022)

Muut järjestelmät (tie- ja katuliikenne, rautatieliikenne, vesiliikenne, lentoliikenne)

Tie- ja katuliikenne

- muuttuva liikenteenohjaus, telematiikka
- opastinjärjestelmät (kuten joukkoliikenne ja pysäköintilaitokset)
- maanalaisten terminaalien ja liikennetunneleiden turvallisuusjärjestelmät (esim. E18-tie tunneleineen)

Rautatieliikenne

- opastimet, turvalaitteet
- kaukokäytön järjestelmät
- tasoristeyslaitteet
- raiteen vapaana olon valvonta

Vesiliikenteen järjestelmät

- AIS (alusten automaattinen tunnistusjärjestelmä)
- VTS (alusliikenteen ohjaus- ja valvontajärjestelmä)
- DGPS-paikannusasemat
- majakat, turvalaitteet, tutkat (myös erikoisrakenteiden ohjaus ja valvonta esim. padot, kanavat) (mm. Hoikkala 2005)

Energiahuolto

Energian käyttö ja lähteet

Energian kokonaiskulutus kuvaa kotimaisten energialähteiden ja tuontienergian yhteismitallista kokonaiskulutusta Suomessa. Se sisältää energian tuotantoon ja jalostukseen käytetyt polttoaineet sekä suoraan loppukulutuksessa käytetyn energian, muun muassa liikennepolttoaineet ja rakennusten lämmityksessä käytetyt polttoaineet.

Kokonaisenergiankulutus Suomessa vuonna 2021 (ennakkotieto):

- 1 356 PJ (377 TWh, 32,4 Mtoe)
- 244 GJ / asukas (67,9 MWh / asukas, 5,84 toe / asukas)

Kokonaisenergiankulutus Suomessa vuonna 2020:

- 1 277 PJ (355 TWh, 30,5 Mtoe)
- 231 GJ / asukas (64,1 MWh / asukas, 5,51 toe / asukas) (Motiva 2022)

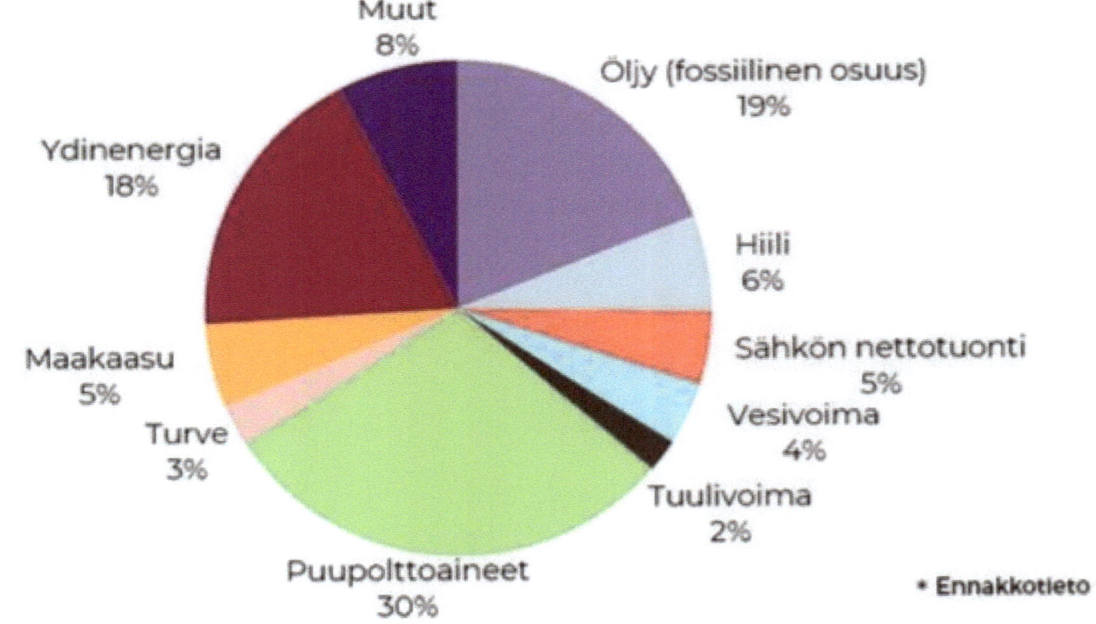

Kuva 1. Energian kokonaiskulutuksen osuudet Suomessa energialähteittäin vuonna 2021.

(Lähde: Motiva 2022)

Seuraavaksi on esitetty energian kokonaiskulutuksen kehitystä vuosina 1990-2021. (Motiva 2022)

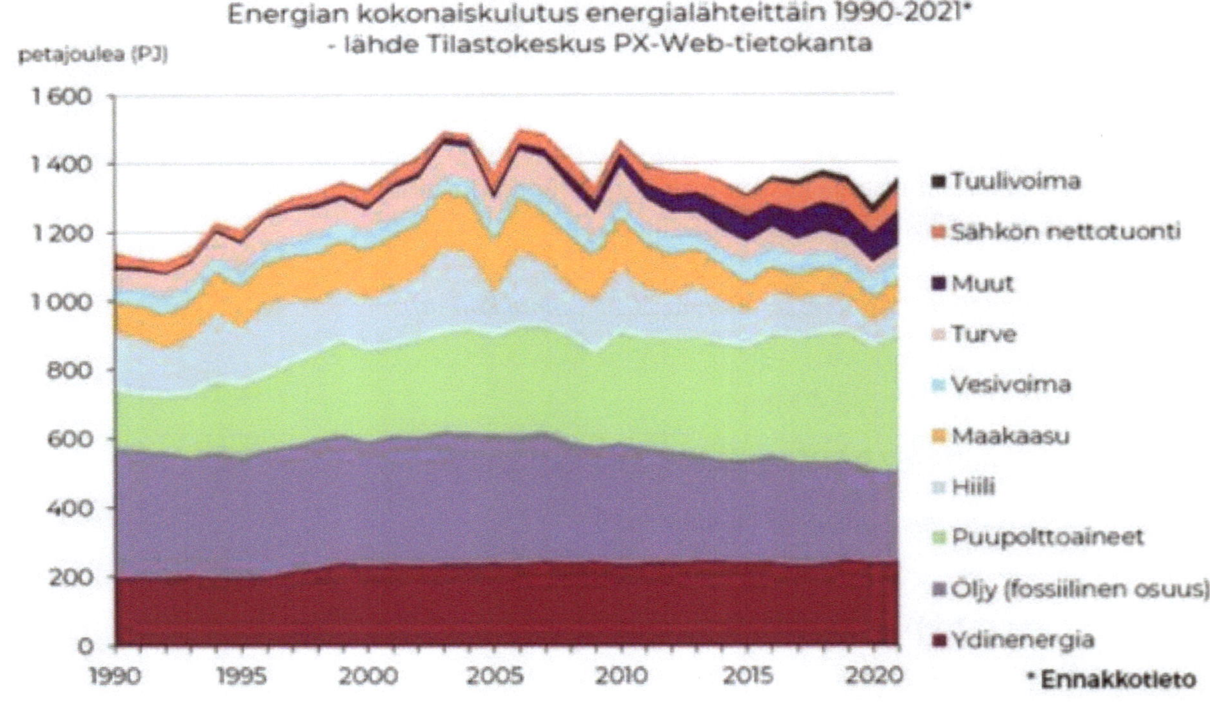

Kuva 3. Energian kokonaiskulutus energialähteittäin vuosina 1990-2021.

Sähkönjakelu ja sen verkosto

Suomen sähköjärjestelmä koostuu *voimalaitoksista, kantaverkosta, alueverkoista ja jakeluverkoista sekä sähköä kuluttavista laitteista.*

Voimalaitoksilla tuotettu sähkö siirretään ensin koko maan kattavaan *kantaverkkoon*, jonka jännite on 110, 220 tai 400 kilovolttia. Suuret jännitteet mahdollistavat pienet energiahäviöt. Sähköasemilla sähkö siirtyy kantaverkosta 20 kilovoltin ns. *keskijänniteverkkoon*. Jakelumuuntamoilla keskijännitejohdoista tulevan sähkön jännitettä alennetaan 400 volttiin, ja se siirretään asiakkaille *pienjännitejohdoissa*. Alue- ja jakeluverkkojen yhteenlaskettu johtojen pituus on noin 25 kertaa kantaverkon johtojen pituus. Keskijännitejohtoja on noin 140 000 km ja pienjännitejohtoja on noin 220 000 kilometriä. (STUK 2022)

Suomen sähköjärjestelmä on osa yhteispohjoismaista järjestelmää. Lisäksi Virosta ja Venäjältä on Suomeen tasasähköyhteys, jolla mahdollistetaan sähkönsiirto erilaisten verkkojen välillä. Pohjoismainen järjestelmä on vastaavasti tasasähköllä kytketty Keski-Eurooppaan. (STUK 2022)

Kuva 16. Sähkönsiirron havainnekuva. (STUK 2022)

Kaukolämpö ja jäähdytys

Kaukolämpö on Suomen kaupunkien ja taajamien yleisin lämmitysmuoto. Kaukolämmitys on sitä taloudellisempaa, mitä tiheämmin rakennettu alue on ja mitä isompia rakennukset ovat.

Kaukolämpöä tuotetaan sähköä ja lämpöä tuottavissa voimalaitoksissa tai lämpökeskuksissa. Enenevässä määrin polttavaa tuotantoa korvataan hyödyntäen uusiutuvaa ympäristön lämpöä (maa, ilma, vesi) ja hukkalämpöä. Lämpö siirretään asiakkaalle kaukolämpöverkossa kiertävän veden avulla. (Energiamaailma 2022)

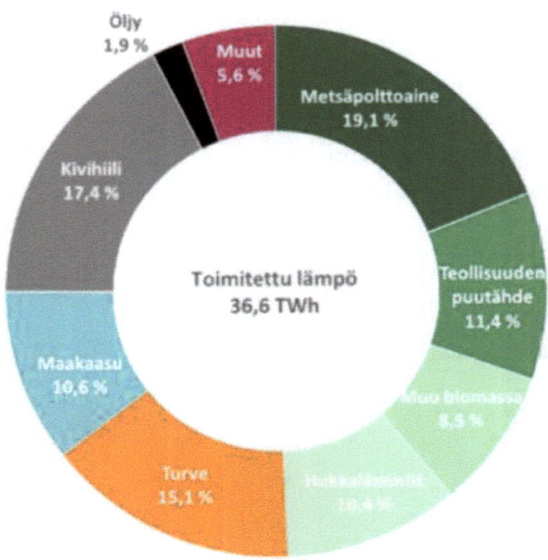

Kaukolämmön tuotannon energialähteet 2019

Kaukojäähdytys on kaiken tyyppisille kiinteistöille soveltuva tilojen jäähdytysratkaisu. Kaukojäähdytysenergiaa voidaan toimittaa ilmastoinnin jäähdytyksen lisäksi myös teollisuuden prosessien tai elintarviketeollisuuden valmistus- ja säilytystilojen jäähdyttämiseen. (Energiamaailma 2022)

Maakaasuverkosto

Suomen maakaasuverkosto koostuu siirto-, jakelu- ja käyttöputkistoista sekä maakaasun tankkausasemista. Lisäksi maakaasua varastoidaan useissa kohteissa. Maakaasun ja biokaasun siirto, jakelu ja käyttö on ollut säännösten piirissä koko käyttöhistorian ajan. Maakaasun käyttöturvallisuus on ollut hyvä, ja vaurio- ja onnettomuustapahtumat ovat pysyneet alhaisella tasolla. (TUKES 2022)

Pääosa Suomessa käytetystä maakaasusta on tuotu Venäjältä, mutta nyt mm. talouspakotteet Venäjää vastaan ovat kutenkin vaikuttaneet merkittävästi maakaasun tuontiin idästä (EU-jäsenmaihin). Suomessa ei ole maakaasuvarantoja, eikä siten omaa maakaasun tuotantoa. Nesteytettyä maakaasua, LNG:tä tuodaan Suomeen laivakuljetuksilla. (mm. Energiavirasto 2022)

Suomen Viroon yhdistävän putken kautta suomalaiset kaasunkäyttäjät voivat ostaa kaasua Baltiasta sekä nesteytettyä maahantuotua kaasua Klaipedan maakaasuterminaalista. Lisäksi Latvian suuri kaasuvarasto avaa uusia mahdollisuuksia suomalaisille kaasunkäyttäjille. (Energiavirasto 2022)

7. JÄTEHUOLTO JA YMPÄRISTÖ

Yleistä

Mitä jäte on?

Jätteeksi nimitetään sellaisia aineita ja esineitä, jotka niiden haltija on poistanut käytöstä, aikoo poistaa käytöstä tai on velvollinen poistamaan käytöstä (Tilastokeskus 2022, Jätelaki 646/2011).

Yhdyskuntajätteeksi kutsutaan niitä jätteitä, joita kotitaloudet ja kunnalliset toiminnot, kuten koulut ja virastot tuottavat. Suomessa tällaista jätettä syntyy yli 500 kg asukasta kohden. Tästä määrästä noin 300 kg on varsinaista kotitalousjätettä. Vielä huomattavasti enemmän jätettä syntyy kaivostoiminnassa, teollisuudessa ja rakentamisessa.(Biologian ja maantieteen opettajien liitto BMOL ry 2022)

Miten paljon jätettä syntyy vuodessa?

Kotitaloudet ja muut toimijat tuottavat pari prosenttia jätteistä. Yhdyskuntajätettä kertyi Suomessa vuonna 2019 noin 3,1 miljoonaa tonnia. Asukasta kohden laskettuna määrä on noin 565 kiloa. Kotitaloudet tuottavat yli puolet yhdyskuntajätteestä, palvelualoilla suurimmat tuottajat ovat kauppa ja terveydenhuolto. Yhdyskuntajäte ei sisällä mm. kaivos- tai muun teollisuuden jätteitä eikä maa- ja metsätalouden jätteitä. Yhdyskuntajätteen osuus kaikesta jätteestä on vain noin 2,4 %. (KIVO 2022)

Kuntien vastuulla on puolet yhdyskuntajätteistä. Vastuu yhdyskuntajätehuollon järjestämisestä jakautuu jätelain mukaan *kuntien, tuottajien ja jätteentuottajien* kesken. Kuntien vastuulla olevan kotitalousjätteen osuus kaikesta yhdyskuntajätteestä on 46 %. Tämän lisäksi kunnat vastaavat mm. sosiaali- ja terveydenpalveluissa sekä kunnan omassa toiminnassa syntyvästä yhdyskuntajätteestä (10 %). Tuottajien vastuulla on neljäsosa yhdyskuntajätteestä. Loppuosan jätehuollon järjestämisestä vastaavat elinkeinoelämän jätteentuottajat itse. (KIVO 2022)

Jätehuollon periaatteena on niin sanottu etusijajärjestys.

- Ensisijaisesti on pyrittävä välttämään jätteen syntymistä.
- Jos jätettä syntyy, se on valmisteltava uudelleenkäyttöä varten tai uudelleenkäytettävä.
- Ellei uudelleenkäyttö ole mahdollista, jäte on hyödynnettävä ensisijaisesti aineena (kierrätettävä) ja toissijaisesti energiana.
- Kaatopaikoille jäte voidaan sijoittaa vain, jos sen hyödyntäminen ei ole teknisesti tai taloudellisesti mahdollista. (Ympäristöministeriö 2022)

Jätelaadut

Yhdyskuntajäte

- Talousjäte, Palveluelinkeinojen jäte

Teollisuus- ja tuotantojäte

- Rakennusjäte
- Teollisuusjäte
- Kaivostoiminnna jäte
- Energia- ja vesihuollon jäte
- Maatalousjäte (mm. Hoikkala 2005)

Vaarallinen jäte (synonyymi sille aiemmassa lainsäädännössä ja kielenkäytössä on *ongelmajäte*)

- Öljyt, hapot ja emäkset, liuottimet, pesu ja puhdistusaineet; jarru-, jäähdytin- ja kytkinnesteet; öljyiset jätteet: moottori- ja vaihteistoöljyt, öljynsuodattimet, trasselit
- Fenoli, torjunta- ja suojausaineet, lääkkeet, kestopuu ja kyllästysaineet
- Raskasmetallit, syanaatit, syanidi, orgaaniset halogeenit (PCB) Ydinjäte (mm. Mustankorkea 2022)

Muut jätteet

- Romu (SE-romu), Lietteet, Yleisiltä alueilta kerätty lumi (mm. Hoikkala 2005)

Jätehuollon tavoitteet ja päämäärät

Suomen jätepolitiikan tavoitteena on edistää luonnonvarojen kestävää käyttöä sekä varmistaa, ettei jätteestä aiheudu haittaa terveydelle tai ympäristölle (Ympäristöministeriö 2022).

Jätehierarkia

EU-lainsäädännön mukaan jätteiden syntyä ja haitallisuutta on pyrittävä minimoimaan. Syntynyt jäte on pyrittävä käsittelemään seuraavassa järjestyksessä: 1) uudelleenkäyttö, 2) kierrätys materiaalina, 3) hyödyntäminen energiana, 4) loppusijoitus kaatopaikalle. (Molok 2022)

Jätteistä aiheutuvat haitat

Jätteistä aiheutuu seuraavia haittoja:

Ympäristöhaitat

- päästöt maaperään, veteen ja ilmaan

Terveyshaitat

- jätteissä elävät taudinaiheuttajat, myrkyllisyys

Muut haitat

- jätteen polton päästöt, biologisen polton hajuhaitat, (jätteeksi päätyvän tuotteen koko elinkaaren aikaiset haitat!)

Jätehuollon järjestäminen

Jätehuollon järjestämisestä vastaa jätelain mukaan ensisijaisesti *jätteen haltija*, kuten yksityinen henkilö, kiinteistön haltija tai yritys. Tästä pääsäännöstä poiketen kunnilla sekä eräiden tuotteiden valmistajilla ja maahantuojilla on myös osaltaan vastuu jätehuollon järjestämisestä. (Ympäristö.fi 2022)

Jätehuollossa on käytettävä parasta taloudellisesti käyttökelpoista tekniikkaa sekä mahdollisimman hyvää ympäristö- ja terveyshaitan torjuntamenetelmää. Jätteen hylkääminen tai hallitsematon käsittely on jätelain mukaan kielletty. (Ympäristö.fi 2022)

Kunnilla on velvollisuus järjestää asumisessa syntyvän jätteen sekä kunnan hallinto- ja palvelutoiminnassa syntyvän yhdyskuntajätteen jätehuolto. Lisäksi kunnan on huolehdittava asumisessa syntyvän vaarallisen jätteen vastaanoton ja käsittelyn järjestämisestä. Maa- ja metsätalouden vaarallisen jätteen vastaanotto ja käsittely kuuluu kunnalle, jollei jätteen määrä ole kohtuuton. Kunta vastaa myös vastuulleen kuuluvan jätteen jätehuoltoon liittyvästä tiedotuksesta ja neuvonnasta.(Ympäristö.fi 2022)

Käytännössä monet kunnat ovat antaneet suurimman osan käytännön jätehuoltotehtävistään alueellisille *jätehuoltoyhtiöille*, jotka useimmiten hankkivat tarvitsemansa palvelut kilpailuttamalla yksityisiä jätehuoltoyrittäjiä. Lisätietoa alueellisten jätehuoltoyhtiöiden toiminnasta löytyy Suomen Kiertovoima ry:n verkkopalvelusta. Jätelain mukaan kunnan on perittävä järjestämänsä jätehuollon kustannukset jätteen haltijalta. Kunnan *jätemaksulla* katetaan jätehuollon tehtävien hoitamisesta, mm. käsittelypaikkojen perustamisesta, käytöstä ja jälkihoidosta aiheutuvat kustannukset. (Ympäristö.fi 2022)

Lajittelu, keräys, kuljetus

Jätteitä kerätään niiden tuottajilta ja syntypaikoilta ja kuljetetaan sekä välitetään sellaisiin laitoksiin, joissa ne voidaan hyödyntää tai loppukäsitellä. Jätteiden keräilijällä, kuljettajalla, välittäjällä sekä niitä varastoivalla ja käsittelevällä yrityksellä pitää olla tarvittavat luvat.(Ympäristö.fi 2022)

Jätteiden käsittely

Jätteiden käsittelyä ovat hyödyntäminen, vaarattomaksi tekeminen ja loppusijoitus. Jätteiden käsittelyksi katsotaan myös ne toimet, joilla syntyneen jätteen koostumusta, rakennetta tai muuta ominaisuutta muutetaan siinä tarkoituksessa, että edellä luetellut toimet ovat mahdollisia. (Tilastokeskus 2022)

Vaaralliset jätteet ovat jätteitä, jotka kemiallisen tai muun vaarallisen ominaisuutensa vuoksi aiheuttavat vaaraa terveydelle tai ympäristölle. Vaarallista jätettä on esimerkiksi kyllästetty puu, öljyiset jätteet, energiansäästölamput, maalipurkit sekä pesu- ja puhdistusaineet. Niiden käsittely ja kerääminen ovat lakisääteistä toimintaa. (mm. Mustankorkea 2022)

8. LIIKENNE, ELINKAARI JA PÄÄSTÖT

Yleistä

Liikennepolitiikka on suurten haasteiden edessä. Ilmastonmuutoksen hillintä on ollut haasteista merkittävin jo pidemmän aikaa. Liikenteen aiheuttamat kasvihuonekaasupäästöjen osuus koko Suomen kasvihuonekaasupäästöistä merkittävä (ollut aiemmin n. 20 % kokonaispäästöistä). Kasvihuonekaasupäästöjä on vähennettävä nopeasti ja määrätietoisesti myös liikennesektorilla. (Liikenne- ja viestintäministeriö 2007).

”Liikenne 2030 – Suuret haasteet, uudet linjat”-julkaisussa todetaan seuraavaa: ”Tulevaisuuden keskeisiä haasteita ovat myös Suomen logistisen kilpailukyvyn turvaaminen globaaleilla markkinoilla sekä kansalaisten arjen matkojen toimivuus niin kasvavilla kaupunkiseuduilla kuin väestöään menettävällä maaseudullakin”.

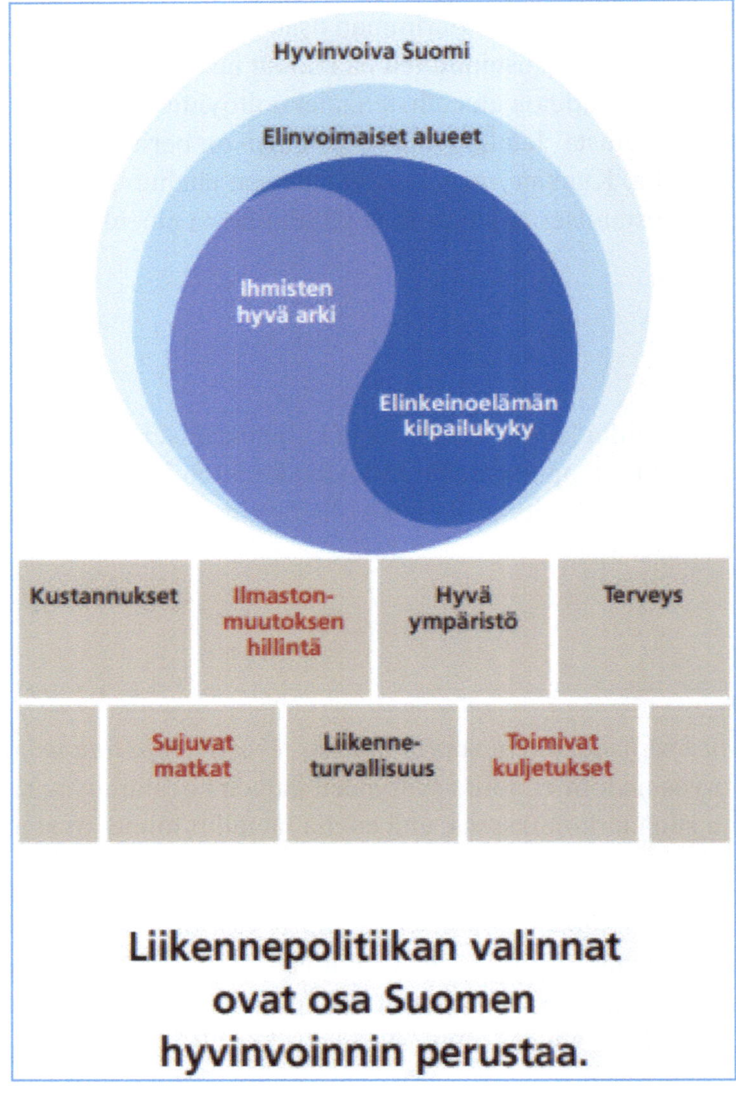

(Lähde: Liikenne- ja viestintäministeriö 2007)

Elinkaari(ajattelu)

Elinkaariajattelun perusperiaatteena on, että tuotteen aiheuttamat ympäristövaikutukset tulee sisältää valmistusprosessin (suorat vaikutukset) lisäksi kaikki ne ympäristövaikutukset, jotka aiheutuvat tuotteen elinkaaren eri vaiheissa ennen ja jälkeen sen valmistuksen (epäsuorat vaikutukset). Tavoitteena on selvittää tuotteen valmistuksen ja käytön kokonaisvaikutukset eli vaikutukset "kehdosta hautaan". (Ympäristö.fi 2022) Seuraavaksi elinkaarimallia havainnollistaa pienen esimerkkisillan elinkaarikustannuksia – infrankaan puolella kustannukset eivät synny vain rakentamisesta. Lisänä rakennuskustannusten lisäksi myös mm. ylläpito-, liikennehaittakustannukset peruskorjausten tai uusimisen aikana, peruskorjaus- tai purkamis- ja uusimiskustannukset. Myös *kokonaishiilijalanjälkeä* on tässä tärkeä tarkastella – kuten myös liikenteessä olevien ajoneuvojen osalta (esim. bensiini-, diesel-, hybridi- ja autot).

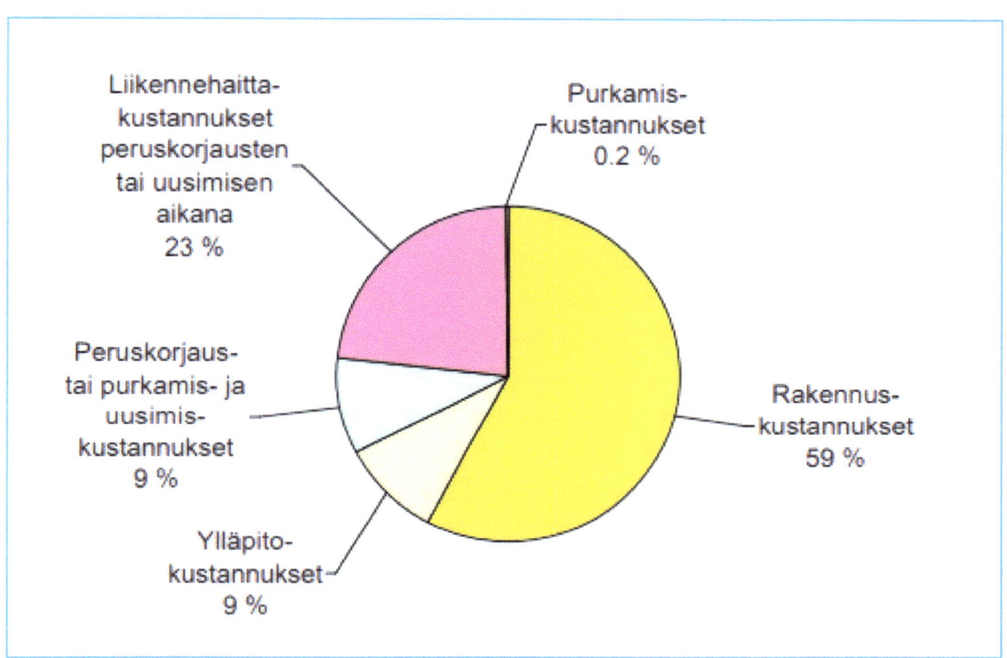

Kuva 17. Alikulkuna toimivan laattakehäsillan elinkaarikustannusten muodostumisen eri osatekijöistä. Siltapaikan liikennemääränä on käytetty 5000 ajon/ vrk ja diskonttokorkona 3 %. (Rautakorpi 2004).

"*Liikenneverkon elinkaaren hallinta* ja omaisuudesta huolehtiminen on pitkäjänteistä toimintaa. Elinkaaren hallinnan järjestelyiden olisi syytä tukea nykyistä paremmin tätä pitkäjänteisyyttä, jotta *liikenneverkko* olisi jatkuvasti halutulla tavalla palvelukykyinen. Liikenneverkon elinkaaren hallinnassa olisi huomioitava entistä paremmin, miten *investoinnit, hoito ja korjaus* kytkeytyvät myös toisiinsa. Tämä yhteys tulisi näkyvämmäksi, jos liikenneverkkoa tarkasteltaisiin omaisuutena, jota hoidettaisiin tuottavasti ja joka tulee pitää yhteiskunnan kannalta tarkoituksenmukaisessa kunnossa. Tällöin jo investointivaiheessa tarkasteltaisiin myös sitä, miten uusien investointien hoito ja tuleva korjaustoiminta vaikuttavat koko liikenneverkon ylläpitoon". (Valtiontalouden tarkastusvirasto 2020).

Liikenne ja päästöt sekä rakennettu ympäristö

Kotimaan liikenteen kasvihuonekaasupäästöt muodostivat vuonna 2019 noin 21 prosenttia Suomen kasvihuonekaasupäästöistä ja noin 29 prosenttia energiasektorin päästöistä (Liikennefakta 2022).

Kotimaan liikenteen kasvihuonekaasupäästöt olivat Tilastokeskuksen kasvihuonekaasuinventaarion mukaan vuonna 2019 noin 11,3 miljoona tonnia hiilidioksidiekvivalenttia (Mt CO2-ekv). Tämä on noin 3 prosenttia (0,4 Mt) vähemmän kuin vuonna 2018. Vuoteen 2005 nähden päästöt ovat vähentyneet noin 13 prosenttia ja vuoteen 1990 nähden noin 7 prosenttia. Tilastokeskuksen pikaennakkotiedon mukaan kotimaan liikenteen päästöt olivat vuonna 2020 noin 10,4 Mt CO2-ekv. (Liikennefakta 2022).

Vuonna 2019 kotimaan liikenteen kasvihuonekaasupäästöistä noin 94 % muodostui tieliikenteessä. *LIPASTO-laskentajärjestelmän* mukaan tieliikenteen kasvihuonekaasupäästöt olivat vuonna 2019 noin 10,5 Mt CO2-ekv. Tieliikenteen päästöistä 54 % syntyi henkilöautoista, 32 % kuorma-autoista, 8 % pakettiautoista, 5 % linja-autoista ja noin 1 % moottoripyöristä, mopoista ja mopoautoista. Rautatieliikenteen kasvihuonekaasupäästöt olivat vuonna 2019 noin 0,07 Mt CO2-ekv. ja niiden osuus kotimaan liikenteen päästöistä oli alle prosentin. Rautatieliikenteen päästöt ovat pienentyneet vuodesta 1994 mm. rataverkon sähköistämisen johdosta. Kotimaan vesiliikenteen kasvihuonekaasupäästöt (sisältäen kalastusalukset) olivat vuonna 2019 noin 0,5 Mt CO2-ekv. ja niiden osuus kokonaispäästöistä oli vajaa 4 prosenttia. Kotimaan lentoliikenteen (siviili-ilmailu) päästöt muodostavat kotimaan liikenteen päästöistä vajaa 2 prosenttia ja ne olivat noin 0,2 Mt CO2-ekv. vuonna 2019. (Lipasto 2022, Liikennefakta 2022). Mikäli tarkasteluun otettaisiin myös ulkomaille suuntautuva ja sieltä tuleva ilmailu Suomeen, olisi lentoliikenteen päästöjen osuus huomattavasti suurempi – tosin mittaaminen ja päästöjen jyvittäminen olisi haasteellista. Samoin olisi, jos tarkasteluun otettaisiin vesiliikenteen puolella muukin kuin vain kotimaan liikenne.

Rakennettu ympäristö on Suomen ilmastotavoitteiden avainasemassa, sillä sen päästöt kattavat noin kolmasosan kaikista päästöistä. Rakennetun ympäristön päätösten vaikutus on kuitenkin paljon kolmannesta suurempi, sillä suunnitteluratkaisuilla on suora vaikutus siihen, miten rakennettua ympäristöä käytetään. Päivitetty kestävän infran määritelmä tarjoaa tukea infra-alan kestävyyden johtamiseen ja toimii työkaluna kestävän kehityksen huomioimiseen infran kaikissa elinkaaren vaiheissa parhaalla mahdollisella tavalla.(STUL.fi 2022)

Infrarakentamisen päästöistä suurin osa aiheutuu päästöintensiivisten materiaalien (kuten teräs, betoni, asfaltti) kulutuksesta sekä maa- ja kiviainesten kuljetuksista (STUL.fi 2022)

9. INFRA JA TULEVAISUUS

Liikenneverkon kunto

Liikenneverkostossamme on 2,5 miljardin euron suuruinen korjausvelka, ja verkon kunto heikentyy vuosi vuodelta. Ihmisten ja tavaroiden turvallinen sekä saumaton liikkuminen on uhattuna yhä useammalla alueella. Rahoitustaso on riittämätön, ja se vaikuttaa turvallisuuteen ja sujuvuuteen sekä alueiden saavutettavuuteen ja yritysten kilpailukykyyn. Esimerkiksi päärataverkon kehittäminen, matka-aikojen nopeuttaminen ja liikenteen välityskyvyn parantaminen ovat saaneet rinnalleen uusia merkittäviä suurhankkeita, jotka odottavat rahoitusta (Valtioneuvosto 2020).

Rakennusten korjausvaje on pysynyt suurena. Valtaosa Suomen tieverkosta on rakennettu kymmeniä vuosia sitten, joten maantiet tarvitsevat peruskorjausten ja levennysten ohella myös modernisointia. Myös vesihuoltoverkosto huutaa mittavia korjauksia – monet kunnat ovat lykänneet niitä huolestuttavan kauan. Raportti suosittelee kaksinkertaistamaan vuotuiset investoinnit vesihuoltoverkostoon lähes 800 miljoonaan euroon. (Roti 2022)

Haasteet ja mahdollisuudet

Rakennetun ympäristön tilaa ja kehitystarpeita luotaava laaja ROTI 2021 -raportti suosittelee ketterämpää kaavoitusta, jotta kaupunkien ja työmarkkinoiden toimivuus varmistetaan. Esimerkiksi pääkaupunkiseudulla tyhjiä toimitiloja on 12 prosenttia ja Tampereella 10 prosenttia, kun Euroopan suurkaupungeissa osuus on yleensä 4 – 6 prosenttia. Asuntopulankin vuoksi rakennusten käyttötarkoituksen muuttaminen pitäisi saada sujuvammaksi. (Roti 2022)

Korjaus- ja muuntorakentamisen lisäämisen ohella myös materiaalien kierrättämistä kannattaa edistää, koska tämä säästää raaka-aineita, ympäristöä ja usein rahaakin sekä vähentää hiilidioksidipäästöjä. Kierrätys on yleistynyt rakennusalalla, mutta tavoitteisiin on vielä matkaa. (Roti 2022)

Tässä on keskitetty enemmän tieliikenteeseen, mutta ei sovi unohtaa mm. rautatieliikenteen merkitystä. Esimerkiksi Äänekoskelle rakennettuun/uusittuun ratarakenteeseen kokonaisuudessaan on käytetty merkittäviä summia viime vuosina (mm. valtion tuet/rahoitus). Keskusteluissa on myös ollut Suomen raideleveyden muuttamisesta (nykyisin sama kuin Venäjällä historiallisista syistä johtuen). Kunnilla on myös monenlaista yhteistyötä eri saroilla – myös infra-asioissa ja mahdollisten rakennuslakiuudistuksien lausunnoissa ja ehdotuksissa. Sitäkään ei sovi unohtaa, että *tieliikenteestä* tulee valtiolle merkittäviä verotuloja eri ´kanavia´ pitkin – olisiko siihen myös satsattava vielä entistä enemmän.

Liikenteen tulevaisuuden suoritteet

Liikennemuodot yleisesti

Kotimaan tavaraliikenteen kokonaissuoritteen ennustetaan kasvavan 16% vuoteen 2050 mennessä. Kasvu syntyy lähes kokonaan tiekuljetusten kasvusta. Tavaraliikenteen kasvu kuitenkin taittuu vuoden 2030 jälkeen johtuen teollisuuden tuotantorakenteen muutoksesta. Teollisuudessa korkeamman jalostusasteen tuotteiden osuus tulee tulevaisuudessa kasvamaan ja vastaavasti kuljetusintensiivisten massatuotteiden osuus vähenemään. Lisäksi erilaisten palveluiden osuus tulee kasvamaan kokonaistuotannossa, myös teollisuuden toimialoilla (Rimpiläinen 2020).

Tieliikenne

Tieliikenteen henkilöliikenteen arvioidaan kasvavan vuoteen 2050 varsin tasaisesti. Kasvu keskittyy ennusteessa ennen kaikkea vilkkaimmille pääteille. Väestön voimakas keskittyminen kaupunkiseuduille heijastuu ennusteisiin. Alueellisesti kasvu on voimakkainta niissä maakunnissa, joissa väestönkasvu on suurinta (Lapp et al. 2018, Rimpiläinen 2020).

Raskaiden ajoneuvojen liikenteen kasvu on alkuvuosina voimakkaampaa kuin viime vuosien kehitys. BKT:n kehityksellä on ratkaiseva merkitys raskaidenajoneuvojen ennusteeseen. Vuoden 2030 jälkeen tuotantorakenteen muutos vähentää liikennesuoritteen kasvua.

Rautatieliikenne

Rautateiden henkilökaukoliikenteen arvioidaan kasvavan varsinkin ennustejakson alkupuolella voimakkaasti. Matkustajamäärän kasvu on suurinta jo nykyisin vilkkaimmilla rataosuuksilla, erityisesti pääradalla Helsingistä Tampereelle ja edelleen Ouluun. Useilla muilla rataosuuksilla kasvu on vähäistä tai matkustajamäärä laskee. Rautatie-liikenteen kasvua selittää yleisesti väestön keskittyminen rautatieliikenteen kannalta hyvin saavutettaville kaupunkiseuduille (Lapp et al. 2018, Rimpiläinen 2020).

Rautateiden tavaraliikenteen kokonaismäärän oletetaan kasvavan ennustejakson alkupuolella. Vuoden 2030 jälkeen kuljetusmäärän arvioidaan kuitenkin kääntyvän hitaaseen laskuun tuotantorakenteen muutoksen seurauksena, kun mm. paperin ja kartongin kuljetukset sekä niihin sidoksissa olevat raakapuun kuljetukset vähenevät.

Meriliikenne

Vientikuljetusten määrän ennustetaan kasvavan maltillisesti lähes vuoteen 2050 saakka. Jatkossa yhä suurempi osa viennistä muodostuu tuotantorakenteen muutoksen seurauksena mm. korkean teknologian tuotteista sekä palveluista, mitkä vähentävät osaltaan meriliikenteen kuljetuksia. Tuontikuljetusten määrän arvioidaan kasvavan maltillisesti vuoteen 2050 saakka. Kasvu syntyy pääasiassa BKT-sidonnaisten kulutushyödykkeiden sekä teollisuuden investointitavaroista koostuvien tavararyhmien tuonnista.

Epävarmuudet ja syyt siihen

Liikenneväylät

Huonokuntoisten väylien määrä on viime aikoina ollut kasvussa. Perusväylänpitoa on jouduttu priorisoimaan. Ensisijaisesti on pyritty varmistamaan väylien päivittäinen liikennöitävyys sekä vilkkaiden ja elinkeinoelämälle tärkeiden yhteyksien kunnossapito. Perusväylänpidon leikkaukset on kohdennettu vähäliikenteisten väylien kunnon hallintaan sekä liikenteellisten olosuhteiden parantamishankkeiden määrän vähentämiseen. Vilkasliikenteiset liikenneväylät ovat tällä hetkellä pääosin hyvässä kunnossa, mutta vähäliikenteisen teiden ja ratojen kunto on heikentynyt osin jo erittäin huonolle tasolle. Huonokuntoisen väyläomaisuuden lisääntymistä ovat myös kasvattaneet liikennöintitarpeiden ja -vaatimuksien aiheuttamat korotukset väylien palvelutaso-ja kuntovaatimuksiin. Huonokuntoisten väylien lisääntyminen on näkynyt myös korjausvelan kasvuna. Väyläverkon korjausvelan määrä on tällä hetkellä noin 2,5 miljardia euroa. Valtaosa korjausvelasta sijaitsee vähäliikenteisillä tai matalan toiminnallisen merkityksen väylillä (Rimpiläinen 2020).

Viestintäverkot

Viestintäverkot ovat alusta yhteiskunnan palveluille, ja niiden merkitys yhteiskunnassa tulee korostumaan. Viestintäverkkoja koskevat haasteet liittyvät lähinnä tulevan teknologian käyttöönottoon, verkkojen laajenemiseen, kapasiteettiin ja toimintavarmuuteen sekä turvallisuuteen. Valtioneuvoston tavoite – keskeinen infraverkko valtiolla.

Lopuksi: laaja-alaisuus (infra, liikennejärjestelmä)

Kokonaisuutta on tarkasteltava – esim. kaduilla; ”ei vain katu; vaan myös valaistus, vesihuolto, ′piuhat′, kuivatus, mitoitus, materiaali, kunnossapito, huolto ja yleensäkin koko katualue ja sen vaikutus muihin/muualle”.

Toimintaympäristön muuttuminen muuttaa myös infrarakentamista kaikissa organisaatioissa. Ilmastomuutos, väestön ikääntyminen, ympäristöasioiden painottuminen, uudet teknologiat ja uudet hankintamuodot muuttavat alan toimintaedellytyksiä aina hanketasoille saakka. (Nippala ja vainio 2013)

Nykyisessä tilanteessa (vuonna 2022) ovat tulleet erityisen tärkeäksi energian saanti (sähkö, öljy, maakaasu…) ja sen turvaaminen. Lisäksi Nord Stream -putkien todennäköinen sabotointi on ollut keskusteluissa. Yleensäkin mm. kriisi Ukrainassa ja yleensäkin Venäjän tilanne ovat vaikuttaneet Euroopan maihin merkittävästi (riippuvuus maakaasusta ja öljystä, lannoitteiden raaka-aineet, rakennusmateriaali, inflaatio, hintojen nousu, epävarmuus vilja…). Lisäksi keskusteluissa on ollut mm. hiilijalanjäljen vähentäminen, ”vihreä energia” ja sähköautojen lisääminen liikenteessä.

LÄHTEITÄ JA ALAN KIRJALLISUUTTA

Aalto yliopisto. (2022). Arkkitehdin piirustusmerkinnät. Internetlähde: https://mycourses.aalto.fi/pluginfile.php/1342909/mod_resource/content/1/Piirustusmerkinn%C3%A4t%202020.pdf (viitattu 15.8.2022)

AFRY (2022). Kalliotilat ja tunnelit. Internetlähde: https://afry.com/fi-fi/ala/kalliotilat-ja-tunnelit. (viitattu 5.7.2022)

Autoalan tiedotuskeskus.(2020). Internetsivut. mm. Tieliikenne, autokannan kehitys. Internet linkki: http://www.aut.fi/tieliikenne/liikenteen_verotus (viitattu 10.10.2020)

Biologian ja maantieteen opettajien liitto BMOL ry. (2022). Jätteet. Internetlähde: https://peda.net/yhdistykset/bmol-ry/oppimateriaalit/eyy/yhteinen_ymparisto/jatteet (viitattu 18.8.2022)

Brax, Joel. (2012). Tierakenteen mitoitusmenettely. Metropolia Ammattikorkeakoulu. Insinööri (AMK). Rakennustekniikka. Insinöörityö.

Böös, Joni (2010). ALUSTEN AIHEUTTAMAT KUORMITUKSET LAITURIRAKENTEISIIN. Opinnäytetyö 2010. KYMENLAAKSON AMMATTIKORKEAKOULU,Merenkulun koulutusohjelma / merikapteenin sv..

Ekholm, Matias. (2020). Siltatyypit Suomessa. Metropolia Ammattikorkeakoulu. Insinööri (AMK) Infrarakentaminen. Insinöörityö 11.5.2020. 33 s.

Energia maailma. (2022). Internetlähde: https://energiamaailma.fi/energiasta/energiantuotanto/kaukolampo-ja-jaahdytys/ (viitattu 21.8.2022)

Energiavirasto. (2022). Maakaasumarkkinat. Internetlähde: https://energiavirasto.fi/maakaasumarkkinat (viitattu 22.8.2022)

Finavia. (2020). mm. Ilmaliikennesuoritteita. Internetsivusto: https://www.finavia.fi/fi (viitattu 23.10.2020)

Finlex. (2020) Finlex. Suomen laki. (Yksityistielaki). Intenetlähde: (https://www.finlex.fi/fi/laki/ajantasa/2018/20180560 viitattu 26.10.2020).

Finlex. (2011). Suomen laki. Jätelaki 646/2011. Internetlähde: https://www.finlex.fi/fi/laki/alkup/2011/20110646

Grönroos, Matti. (2020). Teiden luokitus Suomessa. (Sivua on viimeksi muutettu 25. marraskuuta 2018 kello 10.37) Internetsivusto: https://www.mattigronroos.fi/w/index.php/Teiden_luokitus_Suomessa (viitattu 26.10.2020)

Hartikainen, Olli-Pekka. (2007). Maarakennustekniikka. 435 Otatieto. Helsinki University press.

Helsingin kaupunki (2022). Pysäköintilaitoksen suunnitteluohje, vesio 1,0. Asuntotuotanto. Internetsivusto: https://www.hel.fi/static/liitteet-2019/Kymp/Att/Pysakointilaitoksen%20suunnitteluohje_versio%201.0.pdf (viitattu 1.7.2022)

Helsingin kaupunki (2021). Taitorakenteet. Kaupunkiympäristön toimiala,Maankäyttö ja kaupunkirakenne, Liikenne- ja katusuunnittelu. versio 8.3.2021.

Helsingin kaupunki (2020). mm. Metro. Internetlähde: ETUSIVU » LIIKENNE JA KARTAT » JOUKKOLIIKENNE » METROLIIKENNE. Viitattu 30.11.2020

Helsingin kaupunki. (2017a). Taitorakenteet. Rakenteiden suunnitteluohje. Katu- ja puisto-osasto. 27.3.2017.

Helsingin kaupunki (2017b). Katusuunnitelman ja kadun rakennussuunnitelmien sisältö. Liikenne- ja katusuunnittelupalvelu. 20.10.2017.

Helsingin kaupunki. (2014). Katutilan mitoitus. Suunnitteluohjeet Helsingin kaupungille. 05/2014.

Helsingin kaupunki. (2010). Helsingin kaupungin rakennusjärjestys. Rakennusvalvontavirasto.

HSL. (2022). Pikaratikat: uusi liikennemuoto nykyisen ratikan ja metron välimaastossa. Internetjulkaisu: https://www.hsl.fi/hsl/suunnittelu/raitiovaunut-2020-luvulla (viitattu 17.8.2022)

Herranen, Olli. (2012). Taloudellisten arvojen paradoksit. Otteita ajasta. Niin & Näin 3/2012.

Hoikkala, Simo. (2005). Infratekniikan perusteet. Luentomoniste s-2005. Stadia. Helsingin ammattikorkeakoulu.

Holm, Pasi; Hietala, Jyri; Härmälä, Valtteri. (2015). Liikenneverkko ja kansantalous. Suomi – Ruotsi-vertailua. PTT-raportteja 249. Pellervon taloustutkimus. Helsinki. 2015.

HSY. (2020). Vesi ja viemärit. Internetsivusto: https://www.hsy.fi/vesi-ja-viemarit/ viitattu 10.12.2020.

Hämäläinen, Esko; Rahja, Jaakko. (2012). Yksityistien kunnossapito. Kunnossapitotöiden suunnittelun ja toteuttamisen perusteet. Suomen Tieyhdistys. Yksityistiejulkaisut. 108 s.

Hämäläinen, Esko. (2010). Yksityistien parantaminen – Suunnittelun ja toteuttamisen perusteet. Suomen Tieyhdistys. 130 s.

Infra 2015. (2015). Rakennusosa- ja hankenimikkeistö. Määrämittausohje. Rakennustieto Oy. Helsinki. 168 s.

INFRA RY. (2020). Internetsivusto: https://www.rakennusteollisuus.fi/INFRA/ (viitattu mm. 4.10.2020)

INFRA RY (Palolahti, Tuomas). (2010). Pientalon maarakennustyöt –Ohjeita konepalvelun ja pienurakoiden tilaajalle. 43 s. Myös sähköisenä: https://docplayer.fi/1209648-Pientalon-maarakennustyot.html TAI https://www.rakennusteollisuus.fi/globalassets/infra/tietoa-ja-tilastoja/ohjeita-ja-opastusta/pientalon_maarakennustyot.pdf (viitattu 19.10.2020)

InfraRYL 2010. (2010). Infrarakentamisen yleiset laatuvaatimukset. OSA 1. Väylät ja alueet. Infra 03-10001. Rakennustietosäätiö RTS. Rakennustieto Oy.

InfraRYL 2006. (2006). Infrarakentamisen yleiset laatuvaatimukset. OSA 2. Järjestelmät ja täydentävät osat. RT 14-10959. Rakennustietosäätiö RTS. Rakennustieto Oy.

InfraRYL 2006. (2006). Infrarakentamisen yleiset laatuvaatimukset. OSA 3. Sillat ja rakennustekniset osat. RT 14-10920. Rakennustietosäätiö RTS. Rakennustieto Oy.

InfraRYL 2006. (2006). Infrarakentamisen yleiset laatuvaatimukset. OSA 4. Liikunta- ja virkistyspaikkojen rakenteet. RT 14-10944. Rakennustietosäätiö RTS. Rakennustieto Oy.

Jalasto, Petri; Linkama, Eeva; Lapinen, Seppo. (2007). Suomen liikennejärjestelmän tila. Kansainvälinen vertailu. Tutkimusraportti. Liikenne- ja viestintäministeriön julkaisuja 51/2007. Liikenne- ja viestintäministeriö.

Jokipii, Tuomas. (2012). Infran perusteiden kurssin laskuharjoituksia AMK insinööreille ja rakennusmestareille. Metropolia Ammattikorkeakoulu. Helsinki.

Jokipii, Tuomas. (2006). EU-rahoitus sekä tie- ja liikennesektori Keski-Suomessa. Keski-Suomen tiepiiri. Jyväskylä.

Jokipii, Tuomas. (2003). Liikenneverkon käyttöarvo ja sen mittaaminen. Lisensiaatin tutkimus. Tampereen teknillinen yliopisto, Tuotantotalouden osasto. Tampere. Myös tutkimusraportteja 49.

Jokipii, Tuomas. (1998). Telemaattiset palvelut ja niiden sovellukset Keski-Suomen tiepiirissä. Diplomityö ja Tiehallinnon julkaisuja. Tampere/Jyväskylä.

Jokipii, Tuomas; Joutsensaari, Jarmo; Kalenoja, Hanna; Kiiskilä, Kati; Mäntynen, Jorma; Pirtala, Pasi; Rauhamäki, Harri. (2002). Liikennejärjestelmän tila 2002 – valtakunnallinen ja alueellinen tarkastelu. Liikenne- ja viestintäministeriön julkaisuja 29/2002. Helsinki.

Jokipii, Tuomas; Joutsensaari, Jarmo; Kallberg, Harri; Salli, Riikka. (2000). Liikennehankkeiden työllistävyys. Liikenne- ja viestintäministeriön julkaisuja 42/2000. Helsinki.

Jokipii, Tuomas; Kallberg, Harri. (2000). Liikenteen panokset ja niiden korvautuvuus sekä liikenne muiden toimialojen panoksena. Mobile2-Liikenteen ja kuljetusten ympäristövaikutusten ja energiankäytön tutkimuskokonaisuus, M2T9915-1./ Tampereen teknillinen korkeakoulu, liikenne- ja kuljetustekniikka. Tutkimuksia 36. Tampere.

Järvinen, Ville; Hourunranta, Pertti; Järvelä, Petri; Peltonen, Kati; Leskinen, Markku. (2021). Osaava yrittäjä maarakennusalalla. Opetushallitus. 2. painos 2021.

Jääskeläinen, Raimo. (2005). Pohjarakennuksen perusteet. Tammertekniikka. Tampere. 168 s.

Jääskeläinen, Raimo. (2010). Maarakennuksen ja louhinnan perusteet. Tammertekniikka/Amk-kustannus Oy. WS Bookvell, Porvoo. 278 s.

Karvonen, Tapio. (2016). Investoinnit Suomen satamiin 2011-2020. Liikenneviraston tutkimuksia ja selvityksiä 9/2016. Liikennevirasto. Helsinki.

KIVO. Suomen kiertovoima. (2022). Yhdyskuntajätehuolto lukujen valossa.

Kortene, Mika; Olin, Tiina. (2017). Infrarakentajan käsikirja. Rakennustieto. 187 s.

Kuntaliitto. (2006). Kaduilla ja muilla yleisillä alueilla tehtävien töiden ohjaaminen. Suomen kuntaliitto. Helsinki.

Kuntaliitto. (2020). Kuntaliiton Internetsivusto: https://www.kuntaliitto.fi/ (viitattu mm. 5.10.2020)

Kuntaliitto. (2022). Opas rakennusjärjestyksen laatimiseen. Internetlähde: https://www.kuntaliitto.fi/opas-rakennusjarjestyksen-laatimiseen/6-opas-ja-mallimaarayksia/69-yleiset-alueet-asemakaava (viitattu 16.8.2022)

Lapp, Tuomo; Iikkanen, Pekka; Ristikartano, Jukka; Niinikoski, Miikka; Rinta-Piirto, Jyrki ja Moilanen, Paavo: Valtakunnalliset liikenne-ennusteet. Liikennevirasto. Helsinki 2018. Liikenneviraston tutkimuksia ja selvityksiä 57/2018. 168 sivua ja 2 liitettä. ISSN-L 1798-6656, ISSN 1798-6664, ISBN 978-952-317-633-1.

Liikennefakta. (2020) (2022). mm. lentoliikenne; Liikenteen kasvihuonekaasupäästöt ja energiankulutus. Internetsivusto: https://www.liikennefakta.fi/markkinat/henkilot_ja_tavarat/lentoliikenne (viitattu 24.10.2020) ja Liikenteen kasvihuonekaasupäästöt ja energiankulutus | Liikennefakta (viitattu 10.10.2022)

Liikenne- ja viestintäministeriö. (2020). Internetsivustot. mm. "Tieliikenteen päästöt". (viitattu 20.10.2020) (https://www.lvm.fi/)

Liikenne- ja viestintävirasto. (2007). Liikenne 2030 – Suuret haasteet, uudet linjat. Ohjelmia ja strategioita 1/2007.

Liikennevirasto. (2018a). Tierakenteen suunnittelu. Liikenneviraston ohjeita 38/2018. Helsinki.

Liikennevirasto (2018b). Valtakunnalliset liikenne-ennusteet. Liikenneviraston tutkimuksia ja selvityksiä 57/2018.Helsinki.

Liikennevirasto. (2018c). 2018? Tiesuunnittelun kulku. Tiesuunnittelun toimintaympäristö. Esite. 20 s.

Liikennevirasto. (2013). Tien suuntauksen suunnittelu. Liikenneviraston ohjeita 30/2013. Helsinki.

Liimatainen, Heikki; Viri, Riku; Haapamäki, Ruut; Tainio, Marko. (2017). Liikennejärjestelmän ja -hankkeidenkokonaisvaltainen arviointi (21.12.2016 – päivitetty 6.9.2017). Tampereen teknillinen yliopisto. Liikenteen tutkimuskeskus Verne. Tutkimusraportti 93.

Lindholm, Mika; Junnonen, Juha-Matti. (2012). Infrahankkeen tuotannonhallinta. Suomen rakennusmedia. 156 s.

LIPASTO. (2020). Liikenteen päästöt. Teknologian tutkimuskeskus VTT Oy. (Päivitetty 7.7.2017). Internet linkki: http://lipasto.vtt.fi/index.htm (viitattu 5.10.2020)

Logistiikan maailma. (2020). mm. kuljetukset, rautatiekuljetus. Internetsivusto: https://www.logistiikanmaailma.fi/kuljetus/rautatiekuljetus/ viitattu 1.12.2020

Lähellä kaupungissa (sivusto). (2020). Kadun moninaiset merkitykset. Internetlähde: http://www.lahellakaupungissa.fi/paikat/katu/mika-on-katu/kadun-moninaiset-merkitykset/ (viitattu 26.10.2020)

Maanmittauslaitos, MML. (2018). Geoinformatiikan sanasto. TSK 51. 4.laitos. Helsinki.

Molok.(2022). Kierrätyssanasto. Internetlähde: https://www.molok.com/fi/blogi/kierratyssanasto-tieda-mista-puhut (viitattu 22.8.2022)

Motiva.fi. (2022). Liikenteen päästöt ja energian kulutus. Internetsivusto: https://www.motiva.fi/ratkaisut/kestava_liikenne_ja_liikkuminen/perustietoa_liikenteesta/liikenteen_paastot_ja_energiankulutus (viitattu 10.8.2022)

Motiva.fi. (2022b). Energian kokonaiskulutus. Internetsivusto: https://www.motiva.fi/ratkaisut/energiankaytto_suomessa/energian_kokonaiskulutus (viitattu 20.8.2022). Myös Tilastokeskus: https://stat.fi/julkaisu/cku5lap681xrt0b05mz2vuoen

Motiva.fi. (2020). Vesivoimateknologia. Intenetlähde: https://www.motiva.fi/ratkaisut/uusiutuva_energia/vesivoima/vesivoimateknologia (viitattu 7.12.2020).

Murto, Sampo. (2015). Maarakennusliikkeen kalusto- ja kustannuslaskentaa. Insinöörityö (AMK). Metropolia ammattikorkeakoulu. Helsinki.

Mustankorkea. (2022). Internetlähde: https://mustankorkea.fi/neuvonta/jatteiden-kasittely-lajitteluohjeet/kierratys-lajitteluohjeet/vaaralliset-jatteet-ongelmajatteet/ (viitattu 22.8.2022)

Nippala, Eero; Vainio, Terttu. 82013). Infrarakentaminen muutoksessa osa 5. Kuntien infrarakentaminen. 30.4.2013. Tampere. 30 s.

Oulun kaupunki. (2017). Katurakenteiden suunnitteluohje. 9.3.2017. Katu- ja viherpalvelut.

Pajukallio, Anna-Maija; Wahlström, Margareta; Ala-Saarela, Erkki (toim). 2011. Maarakentamisen uusiomateriaalit. Ympäristökelpoisuuden osoittaminen ja tuotteistaminen. Ympäristöministeriön raportteja 11/2011. Helsinki.

Palva, Reetta. (2017). Konetyön kustannukset ja tilastolliset urakkahinnat. Työtehoseuran tutkimustiedotteita 4/2017 (12).

Pato.fi (2022). Padot. Internetsivusto: https://www.vesi.fi/vesitieto/erilaisia-patoja/ (viitattu 5.8.2022)

Perasto-Bernitz, Olga. (2010). Pääkaupunkiseudun matka-aikatutkimusten yhteensovittaminen. Diplomityö. Aalto yliopisto. Teknillinen korkeakoulu. 104 s.

Perustava (yritys) (2022). Tukimuurit. Internetsivusto: https://www.perustava.fi/kotitaloudet/tukimuurit (viitattu 1.8.2022)

Powell, Tim. (2001). The Transport System. Markets, modes and politics. PTRC Education & Research Services Ltd. London. 299 s.

Rakennusliitto. (2020). mm. INFRA-ALAN TYÖEHTOSOPIMUS1.5.2020–28.2.2022. Internetlähde: https://rakennusliitto.fi/wp-content/uploads/2020/05/Infra-alan-ty%C3%B6ehtosopimus-1.5.2020-28.2.2022-1.pdf (viitattu 25.11.2020)

Rakennustaito. (2022). ROTI-raportti: Lisää ketteryyttä ja kierrätystä. Internetartikkeli: https://rakennustaito.fi/roti-raportti-lisaa-ketteryytta-ja-kierratysta/ (viitattu 10.8.2022)

Rakennusteollisuus RT. (2020). Verkkosivusto: https://www.rakennusteollisuus.fi/ (viitattu mm. 21.10.2020)

Rantanen, Iida-Maria. (2010). Tieverkon käyttöarvo ja sen hyödyntäminen tienpidossa. Liikenneviraston tutkimuksia ja selvityksiä 6/2010. (myös diplomityö). Helsinki 2010.

Rauhala, Henri (2018). Hyvän pysäköintilaitoksen suunnittelu. HAMK. opinnäytetyö.

Rauhamäki Harri (toim.). 2003. Ilmaliikenne. Opetusmoniste 36. Tampereen teknillinen yliopisto, Liikenne- ja kuljetustekniikka. Tampere.

Rautakorpi, Heikki. (2004). Pienten siltojen elinkaarikustannukset. Tiehallinnon sisäisiä julkaisuja 4/2004. Helsinki.

Rautatiealianssi (2022). Internetlähde: https://raitiotieallianssi.fi/tampereen-raitiotie/ (viitattu 5.7.2022)

RIL 124-1-2003 VESIHUOLTO I

RIL 126-2020 RAKENNUSPOHJAN JA TONTTIALUEEN KUIVATUS

RIL 154-1-1987 TUNNELI- JA KALLIORAKENNUS I

RIL 154-2-1987 TUNNELI- JA KALLIORAKENNUS II

RIL 156 MAARAKENNUS 486 s. (loppuunmyyty?)

RIL-157-2-1990 GEOMEKANIIKKA II

RIL-163-1986 YMPÄRISTÖNSUOJELU TIEN- JA MAARAKENNUSTÖISSÄ

RIL-165-1-2005 LIIKENNE JA VÄYLÄT I

RIL-165-2-2006 LIIKENNE JA VÄYLÄT II

RIL-179-2018 SILLAT

RIL 216-2013 RAKENTEIDEN JA RAKENNUSTEN ELINKAAREN HALLINTA

RIL 231-1-2006 INFRARAKENTAMISEN KUSTANNUSHALLINTA, TEKSTIOSA

RIL 231-2-2007 INFRARAKENTAMISEN KUSTANNUSHALLINTA, HANKE- JA RAKENNUSOSAHINNASTO

RIL 234-2007 PIHOJEN POHJA-JA PÄÄLLYSRAKENTEET, SUUNNITTELU JA RAKENTAMISOHJEET

RIL 237-1-2010 VESIHUOLTOVERKKOJEN SUUNNITTELU (I)

RIL 237-2-2010 VESIHUOLTOVERKKOJEN SUUNNITTELU (II)

RIL 247-2018 RAKENNUSALAN OIKEUSKÄYTÄNTÖÄ

RIL 253-2010 RAKENTAMISEN AIHEUTTAMAT TÄRINÄT

RIL 254-2016 PAALUTUSOHJE PO-2016

RIL 256-2010 JULKISTEN HANKINTOJEN KEHITTÄMISOHJE

RIL 261-2013 ROUTASUOJAUS – RAKENNUKSET JA INFRARAKENTEET

RIL 263-2014 KAIVANTO-OHJE

RIL-273-2022 INFRARAKENNUTTAMINEN (uusi!)

Rimpiläinen, Anne. (2020). Liikennejärjestelmän nykytila ja toimintaympäristön muutokset. Traficomin tutkimuksia ja selvityksiä 4/2020. Liikenne- ja viestintävirasto Traficom.

ROTI. (2019a). Rakennetun omaisuuden tila. Helsinki. 51 s.

ROTI. (2019b). Liikenneverkot. Internetlähde: https://www.ril.fi/media/2019/roti/roti_2019_liikenneverkot.pdf (viitattu 19.10.2020)

RT-kortisto.(mm. RT91-10655 Kalliotilat, Pysäköintilaitokset...)

Sarvi, Jari. (2020). Yksityistiejärjestelyt maantietoimituksessa. Opinnäytetyö. Ins, (AMK). Maanmittaustekniikka. Lapin ammattikorkeakoulu.

Kari Sipilä, Miikka Kirjavainen, Jouko Ritola & Harri Kivikoski (2001). Liikenne- ja yleisten alueiden sulanapitojärjestelmät - Energiatalous ja tekninen toteutus. Kesäkeli-projekti. VTT. Espoo.

SITRA. (2020). Tulevaisuussanasto – mm. hiilijalanjälki. Internetsivusto: https://www.sitra.fi/tulevaisuussanasto/ (viitattu mm. 2.11.2020).

Skipperi (2022). Merimerkit, viitat ja linjamerkit. Internetsivusto: https://www.skipperi.fi/app/academy/merimerkit-viitat-ja-linjamerkit (viitattu 5.8.2022)

STUK. Säteilyturvakeskus. (2022). Sähkönsiirto ja voimajohdot. Internetlähde: https://www.stuk.fi/aiheet/sahkonsiirto-ja-voimajohdot/sahkonsiirto-ja-jakelu (viitattu 20.8.2022)

STUL.fi (2022). Kestävän infran määritelmällä ohjataan leikkaamaan infrarakentamisen päästöjä. Internetlähde: Green Building Council Finland: Kestävän infran määritelmä - STUL - Sähkö- ja teleurakoitsijaliitto STUL ry (viitattu 12.10.2022)

Suomen laki (2011). Finlex. Vesilaki. https://finlex.fi/fi/laki/ajantasa/2011/20110587.

Suomen Tieyhdistys. (2020). mm. Internetsivusto: https://www.tieyhdistys.fi/ (viitattu 20.10.2020)

Tampere, Pirkkala, Kangasala, Ylöjärvi. (2022). Tampereen raitiotien seudullinen yleissuunnitelma. Loppuraportti. Internetlähde: file:///C:/Users/kirjastonetti/Downloads/Tampereen_raitiotien_seudullinen_yleissuunnitelma_19.2.2021-1.pdf (viitattu 20.8.2022)

Tampereen ratikka. (2020). Tampereen ratikkasivusto: https://www.tampereenratikka.fi/tampereen-ratikka/liikenneturvallisuus/ viitattu 30.11.2020

Tiehallinto. (2020). Teiden suunnittelua koskevia (vanhoja) ohjejulkaisuja 1. (hyvää lisätietoa). Internetlähde: www.tieh.fi (viitattu 5.10.2020)

Tiehallinto (2009)/(Väylävirasto 2022). Tiehallinnon tekniset ohjeet 1/2009. (hyvää tietoa). Intenetlinkki: https://julkaisut.vayla.fi/thohje/ohjeluettelot/2009-1_tiehteknisetohjeet.pdf (viitattu 5.7.2022)

Tiehallinto. (2004a). Tierakenteen suunnittelu. Suunnitteluvaiheen ohjeistus. Tiehallinto. Helsinki 2004. 74 s.

Tiehallinto. (2004b). Tietoa tiensuunnitteluun nro 73. Julkaisija: Tiehallinto, Tekniset palvelut 9.1.2004.

Tiehallinto. (1999). Läjitysalueen suunnittelu. Läjitysalueohje. Tiehallinnon ohjaus. Tie- ja liikennetekniikka. Helsinki.

Tieteen termipankki. (2020). Erilaisia määritelmiä, kuten kokonaishyöty. Internetsivusto: https://tieteentermipankki.fi/wiki/Termipankki:Etusivu (viitattu mm. 1.10.2020).

Tilastokeskus. (2022). Jätetilasto. Käsitteet ja määritelmät.

Tilastokeskus. (2020). Erilaiset vuosittaiset tilastokoosteet ja pidemmän ajan seurannat. mm. https://www.stat.fi/til/rtie/2019/rtie_2019_2020-08-27_tie_001_fi.html

TRAFICOM (2020a). Traficomin internetsivustot. mm. 14.10.2020.

TRAFICOM. (2020b). Liikennejärjestelmän nykytila ja toimintaympäristön muutokset. Traficomin tutkimuksia ja selvityksiä. 4/2020. Helsinki.

TRAFICOM. (2020c). Vesiväyläluokitus. Antopäivä 20.5.2020. Voimaantulopäivä 1.6.2020 toistaiseksi.

TRAFICOM. (2020d). Yleisten kulkuväylien ylläpito. Antopäivä 1.6.2020. Voimaantulopäivä 1.6.2020.

TRAFICOM. (2019). Liikenneverkon strateginen tilannekuva. Tiivistelmä. 64 s.

TUKES (2022). Maakaasu ja biokaasu. Internetlähde: https://tukes.fi/teollisuus/maakaasu-ja-biokaasu (viitattu 22.8.2022)

Ukkonen, Juha. (2010). Tietekniikan opetuksen kehittäminen suunnittelutaitojen parantamiseksi. Diplomityö. Aalto-yliopiston teknillisen korkeakoulun yhdyskunta- ja ympäristötekniikan laitos.

Uudenmaanliitto. (2017). Helsinki-Vantaan lentoaseman merkitys ja vaikutukset Uudellamaalla. Uudenmaan liiton julkaisuja E 188 – 2017. Helsinki. 85 s.

Ympäristö.fi. (2020). Ympäristöhallinnon yhteinen verkkopalvelu.mm. Padot. Internetlähde: https://www.ymparisto.fi/fi-FI (viitattu mm. 18.10.2020)

Ympäristöministeriö (2009): Helsingin seudun lentokentän merkitys aluetalouden ja yritystoiminnan kannalta. Kaupunkitutkimus TA Oy. Helsinki 2009.

Ympäristöministeriö. (2007). Osallistuminen yleis- ja asemakaavoituksessa. Ympäristöhallinnon ohjeita I. Helsinki 2007.

Vainio, Terttu; Nippala, Eero. (2013). Kuntien infrarakentaminen – Infrarakentaminen muutoksessa osa 5. 30.4.2013. Tampere. 30 s.

Vainio, Terttu; Nippala, Eero. (2017). Liikenneinfrastruktuuri 2040. VTT TECHNOLOGY 283.

Valtioneuvosto. (2020). 3.4.1. Liikenneverkon kehittäminen. Internetsivusto: https://valtioneuvosto.fi/marinin-hallitus/hallitusohjelma/liikenneverkon-kehittaminen (viitattu mm. 23.10.2020).

Valtiontalouden tarkastusvirasto. (2020). Tuloksellisuustarkastelukertomus. Liikenneverkon elinkaaren hallinta. valtiontalouden tarkastusviraston tarkastuskertomukset 12/2020. Helsinki.

Vantaan kaupunki. (2010). Vantaan kaupungin rakennusjärjestys.

Vesi.fi. (2020). Internetsivusto. mm. vesirakennus. Internetsivusto: https://www.vesi.fi/vesitieto/ (viitattu 4.12.2020).

VR. (2020). Rautatieasemat ja reitit, lähiliikenne. Internetlähde: https://www.vr.fi/rautatieasemat-ja-reitit/lahiliikenne (viitattu 2.12.2020).

Väisänen, Sami (2019). Vesitorneilla tärkeä tehtävä vesiverkoston osana – artikkeli. Lappeenrannan energia OY. Internetsivusto: https://www.lappeenrannanenergia.fi/ajankohtaista/vesitorneilla-tarkea-tehtava-vesiverkoston-osana (viitattu 5.8.2022)

Väylävirasto (2022). mm. Melusuojaus. Internetsivusto: https://vayla.fi/ymparisto/melu-tarina/meluesteet (viitattu 5.8.2022)

Väylävirasto. (2020a). mm. Rataverkko, Vesiväylät. Internetsivusto: https://vayla.fi/vaylista/ (viitattu 23.10.2020)

Väylävirasto. (2020b). Väyläviraston sillat 1.1.2020. Sillaston rakenne, palvelutaso ja kunto. Osa 1 Tiesillat. Osa 2 Rataverkon sillat. Väyläviraston julkaisuja 46/2020. Helsinki.

Ympäristö.fi. (2022). Elinkaariajattelu. Internetlähde: Ymparisto > Elinkaariajattelu (viitattu 10.10.2022)

Ympäristöministeriö. (2022). Jätteet. Internetlähde: https://ym.fi/jatteet (viitattu 21.8.2022)

Ympäristöministeriö (2001): F2 Suomen rakentamismääräyskokoelma, Rakennuksen käyttöturvallisuus, Määräykset ja ohjeet finlex.fi. 2001.

Ympäristöministeriö. (2000). Asemakaava merkinnät ja määräykset. Asetus. Julkaisun verkko-osoite: file:///C:/Users/kirjastonetti/Downloads/Opas%2012%20Asemakaavamerkinn%C3%A4t%20ja%20-m%C3%A4%C3%A4r%C3%A4ykset,%20sivut%20211-236.pdf (viitattu 15.8.2022)

WSP Finland Oy. (2017). Liikenteen infrastruktuuri tulevaisuuden mahdollistajana. 55 s.

LIITE 1 TILAVUUSKÄSITTEET JA MASSAKERTOIMET

NIMITYS	LYHENNE	SELITYS
teoreettinen kiintotilavuus	m^3ktr	luonnontilainen, teoreettinen poikkileikkaus (mitattu piirustuksesta)
ryöstökerroin	$y1 = \frac{m3ktd}{m3ktr}$	
todellinen kiintotilavuus	m^3ktd	luonnontilainen, todellinen poikkileikkaus (mitattu luonnossa)
löyhtymiskerroin	$k1 = \frac{m3itd}{m3ktd}$	
todellinen irtotilavuus	m^3itd	todellinen tietyssä käsittelyvaiheessa (esim. KA:n lavalla)
tiivistymiskerroin	$k2 = \frac{m3rtd}{m3itd}$	
todellinen rakennetilavuus	m^3rtd	rakenteessa, todellinen poikkileikkaus (mitattu luonnossa)
täyttökerroin	$y2 = \frac{m3rtr}{m3rtd}$	
teoreettinen rakennetilavuus	m^3rtr	rakenteessa, teoreettinen poikkileikkaus

(Lähde: Infra 2015 – Rakennusosa- ja hankenimikkeistö, Määrämittausohje 2015)

Maarakennustöissä on tarkoituksenmukaista määritellä joitakin tilavuuskäsitteitä, sillä esimerkiksi maassa olevan maa-aineksen ja saman aineksen tilavuus lavalla kuormattuna eivät ole samoja.

TIEN TEKEMINEN
TS
TYÖNSUUNNITTELU

Materiaalitiedot

Maamassojen massakertoimet

Yhdistelmäkertoimet

y1× k1× k2×y2 , y1×k1, k1×k2×y2, k2×y2

REK NO 5012 | SUOITUS A.2.
LAATIJA TVH/Rrt | AIKA

MASSAKERTOIMET

m3ktr — y1 — m3ktd — k1 — m3itd — k2 — m3rtd — y2 — m3rtr

RYÖSTÖKERROIN $y1 = \frac{m3ktd}{m3ktr}$

LÖYHTYMISKERROIN $k1 = \frac{m3itd}{m3ktd}$

TIIVISTYMISKERROIN $k2 = \frac{m3rtd}{m3itd}$

TÄYTTÖKERROIN $y2 = \frac{m3rtr}{m3rtd}$

YHDISTELMÄKERTOIMET

Rakenne	Maalajit (GEO-luokitus)	Tielinjan leikkauksesta rakenteeseen y1·k1·k2·y2	Tielinjan leikkauksesta kuljetusvälineeseen y1·k1	Varamaan-ottopaikasta rakenteeseen k1·k2·y2	Kuljetusvälineen lavalta rakenteeseen k2·y2
Penger	Sa	-	1,70	-	-
	Si	1,05	1,60	0,95	0,65
	HHk	0,95	1,35	0,90	0,70
	Hk	0,95	1,30	0,90	0,75
	KHk	0,95	1,40	0,85	0,70
	Sr	0,90	1,30	0,80	0,70
	HkMr	1,05	1,50	0,95	0,70
Suodatin	Hk	0,85	1,30	0,80	0,65
Jakava	Sr	0,85	1,30	0,75	0,65
	MSr (1...100)	-	-	-	0,65
Kantava	Sr	0,85	1,30	0,75	0,65
	MSr	-	-	-	0,70
	M	1,25	1,90	1,20	0,65

HUOM.
Ryöstö tai täyttökertoimen (y1, y2) ollessa huomattavan suuri tai pieni, on sen vaikutus otettava huomioon erikseen.

MASSAN KULKU

m3ktr→m3rtr	m3ktr→m3itd	m3ktd→m3rtr	m3itd→m3rtr
m3ktr, y1, m3ktd, k1, m3itd, k2, m3rtd, y2, m3rtr	m3ktr, y1, m3ktd, k1, m3itd	m3ktd, k1, m3itd, k2, m3rtd, y2, m3rtr	m3itd, k2, m3rtd, y2, m3rtr

TVH 732590 5012 A2

[Teoreettinen kiintotilavuus], jolla tarkoitetaan suunnitelma piirustuksissa mittaamalla saatua kaivutilavuutta. Kun on kysymys tästä, merkintänä on **m^{3}ktr**.

Todellisella irtotilavuudella tarkoitetaan esimerkiksi juuri auton lavalle kuormatun maamassan tilavuutta. Usein tätä käsitettä tarvitaankin autokuormien määrän arviointiin. Todellisen irtotilavuuden yksikkö on **m^{3}itd.** Auton lavalla oleva kuutiomäärä pienenee tiivistymisen vuoksi auton kuljettaessa lastiaan. Em. asialla ei kuitenkaan ole merkitystä varsinaisissa maarakennustöissä.

Todellinen rakennetilavuus kertoo todellisen rakennetun penkereen tilavuuden. Sen tunnus on **m^3rtd.**

Teoreettinen rakennetilavuudella tarkoitetaan piirustuksissa suunnitellun penkereen tilavuutta. Sen tunnus on **m^3rtr**.

LIKIMÄÄRÄISIÄ TILAVUUSPAINOJA AUTON LAVALLE KUORMATESSA:

Turve		1,1 tonnia/m^3
Lieju		1,2 tonnia/m^3
Multa		1,3 tonnia/m^3
Savi		1,5 tonnia/m^3
Siltti		1,6 tonnia/m^3
Hiekka	hieno	1,3 tonnia/m^3
	karkea	1,5 tonnia/m^3
Sora	hieno	1,6 tonnia/m^3
	karkea	1,8 tonnia/m^3
Moreeni	hieno	1,5 tonnia/m^3
	karkea	1,7 tonnia/m^3
	kivinen	1,9 tonnia/m^3
Louhe		1,8 tonnia/m^3
Soramurske	0-20 mm	1,55 tonnia/m^3
	0-35 mm	1,65 tonnia/m^3
	0-65 mm	1,75 tonnia/m^3
Kalliomurske	0-20 mm	1,5 tonnia/m^3
	0-35 mm	1,6 tonnia/m^3
	0-65 mm	1,7 tonnia/m^3

Huom. kosteus voi aiheuttaa maa- ja kiviainesten painossa suuria muutoksia ennen kaikkea hienorakeisissa maa-aineksissa.

LIITE 2 TYÖKONEEN KUSTANNUKSET

Esimerkki työkoneeseen liittyvistä kustannuksista. On myös huomioitava, että koneella on riittävä työkäyttö (vaikuttaa myös kustannuksiin/tuloihin). Huom. sisäistettävä myös muuttuvat (muku) ja kiinteät kulut (kiku).

Taulukko 6. Maataloustraktorin kustannuslaskentaan liittyvät kustannustekijät. Laskentaperusteita voidaan soveltaa myös muihin koneisiin.

1. Poisto = (Hankintahinta - Jäännösarvo) / Poisto (v)

2. Korko = (Korko- % / 100) * ((Hankintahinta + Jäännösarvo) / 2)

3. Säilytys = (8,1 / 100) * Pinta-ala (m^2) * 280 (€/m^2)
Säilytyskustannusten lähtökohtana on säilytystilan rakennuskustannus (esimerkiksi eristämättömän varastotilan rakennuskustannus* 280 €/m^2) ja säilytystilan tarve (esimerkiksi traktorilla 20 m^2). Konevaraston kustannus on laskettu annuiteettiperusteella. Poistokenoin (8,1 %) sisältää 1 prosentin vakuutus- ja kunnossapitokuluja sekä 7,1 % annuiteetin (=annuiteettikerroin 0,07095), joka tarkoittaa 5 % korolla noin 25 vuoden poistoaikaa. * MMM rakentamisohjekustannus

4. Vakuutukset (maataloustraktori)
Liikennevakuutus 53 €/v (- 10% sopimusale =47,7 €/v). Vahinkovakuutus määräytyy traktorin tehon perusteella.

Traktorin teholuokka, kW	31-50	51-60	61-70	71-80	81-100	101-120	121-150	151-180	181-210
Vahinkovakuutus, josta vähennetty 15 % alennuksia	128	179	230	282	333	384	435	487	538
Vakuutukset yht. €/v	176	227	278	329	381	432	483	534	585

Vahinkovakuutuksen hinnat ovat omassa käytössä olevalle traktorille. Urakointikäytössä hinnat ovat korkeammat. Lisäksi urakointityössä kannattaa ottaa vastuu- ja oikeusturvavakuutukset, joiden hinta määräytyy vakuutusmäärän mukaan. Urakointityön vakuutus esim. 17 000 euron oikeusturvalle ja 500 000 euron vastuuvakuutukselle on yhteensä noin 190 euroa.

5. Polttoaineen kulutus teholuokittain l/h (maataloustraktori)
Peruste: Nimelliskulutus * Moottorin maksimiteho * Moottorin käyttöaste * Polttoaineen tiheys: Esimerkki: 0,270 kg/kWh * 40/100 * 1,163 l/kg = 6,9 l/h
Huom. Raskaissa töissä kulutus on huomattavasti suurempi. Esimerkki polttoaineen kulutuksesta keskimääräisissä olosuhteissa (40 % kuormitus):

Traktorin teholuokka, kW	31-50	51-60	61-70	71-80	81-100	101-120	121-150	151-180	181-210
Polttoaineen kulutus l/h	5,7	6,9	8,2	9,4	11,3	13,8	17,0	20,7	24,5

Kevyen polttoöljyn hinta toukokuu 2017 (suluissa hinta ilman alv.): kesälaatu 85,2 (68,7) snt/l

6. Voiteluaineen kulutus teholuokittain kg/h (maataloustraktori)

Traktorin teholuokka, kW	31-50	51-60	61-70	71-80	81-100	101-120	121-150	151-180	181-210
Kulutus, kg/h	0,07	0,09	0,10	0,12	0,14	0,16	0,20	0,25	0,29

Voiteluaineen hinta keväällä 2017, 10w - 30 (180 kg:n astia), markkinahinta noin 2,77 (2,24) €/kg (suluissa hinta ilman alv.)

7. Kunnossapito = 3/100*Hankintahinta
Esimerkiksi 50 000 €:n hintaisen traktorin kunnossapitovaraus: 3/100 * 50 000 € = 1 500 €/v

8. Palkkakustannukset
Taulukossa 1 on mainittu kyselyssä saadut tilastolliset hinnat koneenkuljettajalle. Alla on käytetty urakoitsijan ja palkatun työntekijän palkan keskiarvoa 15,6 €/t. Välilliset palkkakustannukset (SOTU) ovat kausityöntekijöillä 51,09 % ja vakinaisilla 64,76 % palkasta (Maaseudun työnantajaliitto 2017).

	Kausityöntekijä		Vakituinen työntekijä	
Tuntipalkka:	15,6 €/h (tilasto)		15,6 €/h (tilasto)	
Palkan sivukulut 2017	7,97 €/h	51,09 %	10,10 €/h	64,76 %
Palkkakustannus yht.	23,57 €/h		25,70 €/h	

Lisäksi 5-10 % huoltolisä palkkakustannuksista, traktorin säännöllisten huoltojen aiheuttama lisätyömenekki suhteessa käyttötunteihin.

9. Riski: Harkinnanvarainen erä, yrittäjän riskivaraus toiminnalleen, voidaan tulkita varautumiseksi yllättäviin lisäkustannuksiin. Jos yllätyksiä ei satu, muodostaa ns. yrittäjän voiton.

(lähde: Palva 2017)